Zur Einführung.

Die **Werkstattbücher** behandeln das Gesamtgebiet der Werkstattstechnik in kurzen selbständigen Einzeldarstellungen; anerkannte Fachleute und tüchtige Praktiker bieten hier das Beste aus ihrem Arbeitsfeld, um ihre Fachgenossen schnell und gründlich in die Betriebspraxis einzuführen.

Die Werkstattbücher stehen wissenschaftlich und betriebstechnisch auf der Höhe, sind dabei aber im besten Sinne gemeinverständlich, so daß alle im Betrieb und auch im Büro Tätigen, vom vorwärtsstrebenden Facharbeiter bis zum leitenden Ingenieur, Nutzen aus ihnen ziehen können.

Indem die Sammlung so den einzelnen zu fördern sucht, wird sie dem Betrieb als Ganzem nutzen und damit auch der deutschen technischen Arbeit im Wettbewerb der Völker.

Bisher sind erschienen:

Heft 1: Gewindeschneiden. Zweite, vermehrte und verbesserte Auflage. Von Oberingenieur O. M. Müller.

Heft 2: Meßtechnik. Zweite, verbesserte Auflage. (7.—14. Tausend.) Von Professor Dr. techn. M. Kurrein.

Heft 3: Das Anreißen in Maschinenbauwerkstätten. (7.—12. Tausend.) Von Ingenieur H. Frangenheim.

Heft 4: Wechselräderberechnung für Drehbänke. (7.—12. Tausend.) Von Betriebsdirektor G. Knappe.

Heft 5: Das Schleifen der Metalle. Zweite, verbesserte Auflage. Von Dr.-Ing. B. Buxbaum.

Heft 6: Teilkopfarbeiten. (7.—12. Tausend.) Von Dr.-Ing. W. Pockrandt.

Heft 7: Härten und Vergüten. 1. Teil: Stahl und sein Verhalten. Dritte, verbess. u. vermehrte Aufl. (18.—24. Tsd.) Von Dr.-Ing. Eugen Simon.

Heft 8: Härten und Vergüten. 2. Teil: Praxis der Warmbehandlung. Zweite, verbesserte Aufl. (16.—17. Tsd.) Von Dr.-Ing. Eugen Simon.

Heft 9: Rezepte für die Werkstatt. (7.-10. Tsd.) Von Ing.-Chemiker Hugo Krause.

Heft 10: Kupolofenbetrieb. Von Gießereidirektor C. Irresberger.

Heft 11: Freiformschmiede. 1. Teil: Technologie des Schmiedens. — Rohstoffe der Schmiede. Von Direktor P. H. Schweißguth.

Heft 12: Freiformschmiede. 2. Teil: Einrichtungen und Werkzeuge der Schmiede. Von Direktor P. H. Schweißguth.

Heft 13: Die neueren Schweißverfahren. Zweite, verbesserte u. vermehrte Auflage. Von Prof. Dr.-Ing. P. Schimpke.

Heft 14: Modelltischlerei. 1. Teil: Allgemeines. Einfachere Modelle. Von R. Löwer.

Heft 15: Bohren. Von Ing. J. Dinnebier.

Heft 16: Reiben und Senken. Von Ing. J. Dinnebier.

Heft 17: Modelltischlerei. 2. Teil: Beispiele von Modellen und Schablonen zum Formen. Von R. Löwer.

Heft 18: Technische Winkelmessungen. Von Prof. Dr. G. Berndt.

Heft 19: Das Gußeisen. Von Ing. Joh. Mehrtens.

Heft 20: Festigkeit und Formänderung. Von Studienrat Dipl.-Ing. H. Winkel.

Heft 21: Einrichten von Automaten. 1. Teil: Die Systeme Spencer und Brown & Sharpe. Von Ing. Karl Sachse.

Heft 22: Die Fräser. Von Ing. Paul Zieting.

Heft 23: Einrichtungen von Automaten. 2. Teil: Die Automaten System Gridley (Einspindel) u. Cleveland u. die Offenbacher Automaten. Von Ph. Kelle, E. Gothe, A. Kreil.

Heft 24: Der Stahl- und Temperguß. Von Prof. Dr. techn. Erdmann Kothny.

Heft 25: Die Ziehtechnik in der Blechbearbeitung. Von Dr.-Ing. Walter Sellin.

Heft 26: Räumen. Von Ing. Leonhard Knoll.

Heft 27: Einrichten von Automaten. 3. Teil: Die Mehrspindel-Automaten. Von E. Gothe, Ph. Kelle, A. Kreil.

Heft 28: Das Löten. Von Dr. W. Burstyn.

Heft 29: Die Kugel- und Rollenlager (Wälzlager). Von Hans Behr.

Heft 30: Gesunder Guß. Von Prof. Dr. techn. Erdmann Kothny.

Heft 31: Gesenkschmiede. 1. Teil: Arbeitsweise und Konstruktion der Gesenke. Von Ph. Schweißguth.

Heft 32: Die Brennstoffe. Von Prof. Dr. techn. Erdmann Kothny.

Heft 33: Der Vorrichtungsbau. I: Einteilung, Einzelheiten u. konstruktive Grundsätze. Von Fritz Grünhagen.

Heft 34: Werkstoffprüfung (Metalle). Von Prof. Dr.-Ing. P. Riebensahm und Dr.-Ing. L. Traeger.

Fortsetzung des Verzeichnisses der bisher erschienenen sowie Aufstellung der in Vorbereitung befindlichen Hefte siehe 3. Umschlagseite.

Jedes Heft 48—64 Seiten stark, mit zahlreichen Textabbildungen.

WERKSTATTBÜCHER

FÜR BETRIEBSBEAMTE, VOR- UND FACHARBEITER
HERAUSGEGEBEN VON DR.-ING. EUGEN SIMON, BERLIN

HEFT 7

Härten und Vergüten

Von

Dr.-Ing. Eugen Simon

Erster Teil
Stahl und sein Verhalten

Dritte, völlig umgearbeitete und vermehrte Auflage
(18. bis 24. Tausend)

Mit 91 Abbildungen im Text
und 8 Tabellen

Berlin
Verlag von Julius Springer
1930

Inhaltsverzeichnis.

Es bedeuten: bei Zeitangaben: s = Sekunde, m oder min = Minute, h = Stunde, bei chemischen Angaben: O = Sauerstoff, H = Wasserssoff, N = Stickstoff, Fe = Eisen, C = Kohlenstoff, Ni = Nickel, Cr = Chrom.

ISBN 978-3-7091-3185-5   ISBN 978-3-7091-3221-0 (eBook)
DOI 10.1007/ 978-3-7091-3221-0

Vorwort.

Der vorliegende 1. Teil von „Härten und Vergüten" bringt so viel aus der Wissenschaft vom Stahl, wie der denkende Betriebsmann und der Konstrukteur kennen sollte.

Eigene Beobachtungen und Erfahrungen bei der Feuerbehandlung im Betrieb machen erst den tüchtigen Praktiker, der als „Mann am Ofen", Meister und Betriebsleiter von großer Bedeutung ist und von dem die Wissenschaft noch manches lernen kann. Aber auch er kann andererseits seinen schwierigen Posten heute nicht mehr aufs beste ausfüllen, wenn er nicht die wichtigsten Ergebnisse der Forschungen und Erfahrungen anderer — und daraus besteht die Wissenschaft — kennt. Sie erst machen es ihm möglich, seine Beobachtungen richtig zu deuten, seine Erfahrungen richtig zu bewerten und zu verwenden.

Der Konstrukteur andererseits bedarf der Kenntnisse für die zweckmäßige Auswahl. Dafür genügt aber nicht die Kenntnis einiger mechanischer Gütewerte, er muß auch wissen, wie der Stahl sich bei der bildsamen Verformung und beim Zerspanen verhält und besonders, was durch Warmbehandlung aus ihm herauszuholen ist.

Ich habe mich hier auf das Wichtigste beschränkt, besonders in der Gefügelehre und demgemäß Gefügebilder nur da gebracht, wo sie jedem etwas sagen.

Einer Reihe hervorragender Fachleute, besonders den Herren Dr.-Ing. A. Hofmann und Dr.-Ing. F. Rapatz habe ich für freundliche Förderung zu danken, Herrn Ing. Guttwein für Hilfe bei der Korrektur.

I. Geschichtlicher Rückblick.

Die Kenntnis des Stahls, des schmiedbaren Eisens, geht bis in die fernsten Zeiten der Geschichte der Menschheit zurück. Jahrtausende vor unserer Zeitrechnung schon hat der Mensch es gelernt, aus den in der Natur vorhandenen Eisenverbindungen, den Erzen, sich das schmiedbare Eisen zu erschmelzen und es durch Schmieden zu Werkzeugen und Geräten für den täglichen Gebrauch zu formen. Das geschah auch zu einer Zeit schon, als vorwiegend noch andere Stoffe, Steine und später Bronze, verarbeitet wurden.

So wie der Mensch das Eisen aus den Erzen im Feuer — in Gruben und niedrigen Öfen — erzeugte, lernte er auch schon früh, es im Feuer zu veredeln: weiches Eisen in harten Stahl zu verwandeln und Stahl zu härten.

Was in ältester Zeit an schmiedbarem Eisen erzeugt wurde, war auch nach heutigem Maße nicht schlecht, ja, es gab Stahl von einer Güte, wie er bis heute nicht wieder hergestellt worden ist, den Wutz- und den Damaststahl. Die besten der aus Damaststahl geschmiedeten Messer und Klingen waren von so wundervoller Härte, Zähigkeit und Schneidhaltigkeit, daß sie die Welt mit ihrem Ruhm erfüllten. Wahrscheinlich ist Indien die Geburtsstätte dieses Stahls; denn schon 2000 Jahre vor Christi Geburt waren die Inder „eisengewandte Leute" und Persien und Syrien (Damaskus) standen kaum hinter Indien zurück. Das Abendland folgte nur langsam und hat es nie zu so hoher Vollendung in der Kunst der Edelstahlbereitung gebracht. Doch war wenigstens im ausgehenden Mittelalter (Ende des 15. Jahrhunderts) überall auch in Deutschland die Bereitung von Stahl in den Eisenhütten verbreitet und das Härten jedem Schmied bekannt. Stahl wurde vielfach aus dem weichen Eisen hergestellt durch Glühen in Holzkohle (Einsetzen oder Zementieren), und das Härten geschah durch Abschrecken des rotglühenden Stahls in Wasser oder in oft recht absonderlichen Flüssigkeiten (Tau, Urin, Bocksfett u. dgl.).

So ist also die Feuerbehandlung des Stahls, wie sie heute in der Schmiede, Härterei und Glüherei üblich ist, eine uralte Kunst und doch hat sich seit den ältesten Zeiten vieles geändert: eine einzige große Härterei und Glüherei kann heute mehr Stahl verarbeiten als im Mittelalter ein ganzes großes Land; es werden Teile von so gewaltiger Größe hergestellt, wie sie früher fast unvorstellbar waren, mit Einrichtungen von einer technischen Vollkommenheit, wie nur die Gegenwart sie schaffen konnte.

Sehr verändert hat sich auch der Rohstoff selbst, das schmiedbare Eisen. Zunächst seine Herstellung. Während es in den ältesten Zeiten unmittelbar aus den Erzen mit Hilfe von Holzkohle gewonnen wurde, fand man später, in Europa etwa zu Anfang des 13. Jahrhunderts, den Weg über das Roheisen (Gußeisen), das zunächst aus den Erzen dargestellt und dann in schmiedbares Eisen umgewandelt wurde. Ein Umweg zwar, aber ein sehr fruchtbarer, der die Grundlage der gewaltigen Entwicklung wurde und der sich bis heute bewährt hat. Bei der Umwandlung aus Roheisen wurde das schmiedbare Eisen jahrhundertelang im teigigen Zustand gewonnen (Herdfrischen, Puddeln), bis die Darstellung im flüssigen Zustande gelang. Diese letzte große Entwicklung begann mit dem Umschmelzen von Herdfrisch- und Puddelstahl in Tiegeln (Huntsmann, Krupp) und führte in der 2. Hälfte des 19. Jahrhunderts zu der unmittelbaren Darstellung von flüssigem Stahl aus Roheisen und zur riesenhaft gesteigerten Massenerzeugung nach den Verfahren von Bessemer, Thomas und Siemens-Martin. Das Endglied dieser Entwicklung ist vorläufig das Elektrostahl-Verfahren, meist ein Umschmelzen und Verfeinern wie bei Tiegelstahl.

Heute werden alle Verfahren der Flußstahlbereitung nebeneinander benutzt, wenn auch in verschiedenem Maße und zu verschiedenen Zwecken, während Schweißstahl (Puddelstahl) nur noch in geringen Mengen hergestellt wird.

Die Eigenschaften des Stahls waren immer verschieden, je nach der Herstellung und der Nachbehandlung (durch Schmieden, Walzen usw.), doch hat man erst seit 3—4 Jahrzehnten gelernt, sie in stärkstem Maße und planmäßig zu verändern und neue zu schaffen: durch Legieren. Dabei müssen manche der legierten Stähle in einer Weise warm behandelt werden, die alle Zeit als verderblich galt und die auch heute alle anderen Stähle verdürbe.

Die Entwicklung der Herstellungsverfahren und der vielen Arten von Stahl wäre ohne die Fortschritte der Wissenschaft nicht möglich gewesen. Die Erkenntnis des Wesens des Eisens hat die eisenverarbeitenden Völker stets beschäftigt. Im alten Griechenland hat die Fähigkeit zum Beobachten und Durchdenken aller Dinge zu der fruchtbaren Theorie des Aristoteles geführt; und wenn wir von den asiatischen Völkern nichts Gleichwertiges kennen, so liegt das wohl nur daran, daß die Ergebnisse ihres Sinnens und Forschens nicht auf uns gekommen sind. Einen großen Fortschritt brachte die Lebensarbeit des Franzosen Réaumur, die vorzüglich in England auf fruchtbaren Boden fiel. Heute sind in allen Kulturländern eine große Zahl von Forschern an der Arbeit, durch chemische, physikalisch-mechanische und optische Untersuchungen immer tiefere Einsicht in das Wesen des Stahls zu gewinnen und die Erscheinungen richtig zu deuten. Wenn auch die letzte Einsicht noch fehlt, vielleicht immer fehlen wird, da mit jeder Erkenntnis auch neue Probleme auftauchen, so ist doch heute schon das meiste, das durch die Jahrtausende hindurch geheimnisvoll war, klar erkannt und Verfahren und Vorschriften, die früher ängstlich geheimgehalten wurden, sind heute Gemeingut aller oder könnten es doch sein.

Die Grundlagen der wissenschaftlichen Erkenntnis sind jedem, der mit Stahl und besonders seiner Feuerbehandlung zu tun hat, nützlich, ja fast unentbehrlich und sollen daher im folgenden zunächst dargestellt werden.

II. Eigenschaften des Stahls.

1. Roheisen und Stahl. Das schmiedbare Eisen ist, wie alles technische Eisen, nicht chemisch reines Eisen, also nicht das „Element" Eisen, sondern eine Legierung[1] von Eisen mit Kohlenstoff (Hauptbestandteil der Kohle). Die Legierung enthält außerdem immer noch etwas Silizium (Hauptbestandteil des Sandes) und Mangan (eisenähnliches Metall) und auch geringe Mengen von Schwefel, Phosphor, nicht metallischen Einschlüssen und Gasen. Alle diese Stoffe kommen während der Erzeugung des Roheisens aus den Erzen im Hochofen oder während der Umwandlung des Roheisens in schmiedbares Eisen im Besser-Thomas- oder Martin-Ofen in das Eisen hinein. Mit dem Kohlenstoff (und in gewissem Sinn auch mit dem Silizium und Mangan) wird das Eisen absichtlich legiert, um seine Eigenschaften zu verändern, besonders um seine Härte und Festigkeit zu steigern; denn das reine Eisen ist so weich, daß es im Maschinenbau nicht verwendet werden kann. Schon geringe Mengen Kohlenstoff verändern das Eisen recht erheblich: schmiedbares Eisen enthält nur 0,05 bis 1,5% C[2], selten bis 2%, nicht schmiedbares Roheisen, wie es zunächst im Hochofen dargestellt und in der Eisengießerei zu Grauguß vergossen wird, etwa 3÷4,5% C. Roheisen ist zwar spröde, aber infolge seines niedrigen Schmelzpunktes und seiner Dünnflüssigkeit auch leicht vergießbar.

Schmiedbares Eisen (Stahl) ist viel weniger leicht vergießbar, dafür aber trotz seiner Härte und Festigkeit **zäh**, d. h. es läßt bleibende Formänderung zu, ohne zu reißen, wenn es ihr auch erheblichen Widerstand entgegensetzt. Bei Raumtemperatur ist diese Fähigkeit zur Formänderung gering, der Widerstand groß; mit der Erwärmung wächst die Fähigkeit und der Widerstand nimmt ab, bis in der Rotglut (etwa von 900° an) der Stahl **schmiedbar** wird, d. h. so bildsam, daß er sich in fast jede Form kneten läßt. In der Weißglut (1300—1400°) ist Stahl so teigig, daß er **geschweißt** werden kann, d. h. es können zwei Stücke durch Druck zu **einem** gleichartigen unlösbar verbunden werden (Feuerschweißung).

Schmiedbarkeit und Schweißbarkeit, die charakteristischen Eigenschaften des Stahls gegenüber dem Roheisen, hängen außer von der Temperatur vom C-Gehalt ab (daneben aber auch von den anderen Fremdstoffen): sie nehmen ab, wenn der C-Gehalt wächst und zwar so, daß das Schmieden immer größeren Kraftaufwand verlangt und das Schweißen sogar nur bei den recht C-armen Sorten ohne besondere Hilfsmittel gut möglich, dagegen bei 0,25% C schon schwierig ist.

2. Mechanische und physikalische Eigenschaften. Will man verschiedene Stähle miteinander vergleichen oder sie einzeln kennzeichnen, so benutzt man dazu ihre mechanischen und physikalischen Eigenschaften, die man genau messen und in Zahlen angeben kann. Das ist einfacher, als etwa ihre verschiedene chemische Zusammensetzung anzugeben und meist zweckmäßiger, weil es bei der Verwendung des Stahles in

---

[1] Metalle oder auch Eisen und Kohlenstoff, die im flüssigen Zustand miteinander gemischt (gelöst) sind, bilden nach dem Erstarren eine Legierung.

[2] Der Gehalt an irgendeinem Stoff in einer Legierung wird in Gewichtsteilen ausgedrückt und zwar in Hundertteilen (%), das heißt es wird angegeben, wie viel Gewichtsteile des Stoffes auf 100 Gewichtsteile der Legierung kommen. Demgemäß bedeutet (siehe Zeichenerklärung vorn) 1,5% C: in 100 Gewichtsteilen (Gramm) sind 1,5 Gewichtsteile (Gramm) Kohlenstoff enthalten.

erster Linie auf seine Eigenschaften ankommt und weil diese, wie wir später noch genauer hören werden, bei derselben Zusammensetzung recht verschieden sein können.

Man unterscheidet nicht immer zwischen mechanischen und physikalischen Eigenschaften, doch ist es zweckmäßig, es zu tun und dabei unter mechanischen Eigenschaften die Festigkeitseigenschaften wie Zerreißfestigkeit, Dehnung, Kerbzähigkeit usw. zu verstehen, unter physikalischen das magnetische Verhalten, den elektrischen Widerstand, die Wärmeausdehnung und -leitung usw.

Da in diesen Heften fast nur die mechanischen Eigenschaften als Gütewerte zur Kennzeichnung des Stahls gebraucht werden, so sollen auch nur sie näher erläutert werden, in dem Umfang, der hier nötig ist[1].

3. Festigkeitsgrößen bei ruhender (statischer) Belastung. Unter der Festigkeit eines Baustoffes versteht man ganz allgemein den Widerstand, den der Stoff der Zerstörung durch äußere Kräfte entgegensetzt.

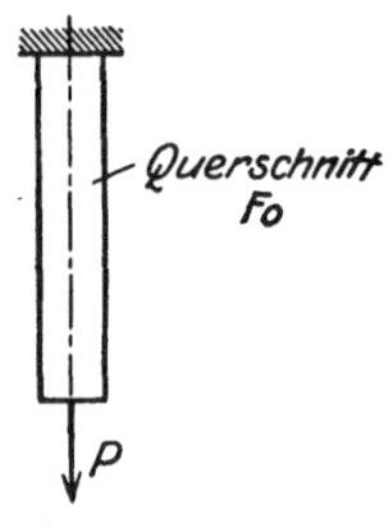

Abb. 1. Auf Zerreißen
beanspruchter Stab.

Will man die Festigkeit in Zahlen und vergleichbar angeben, so muß man sie unter bestimmten, ganz einfachen Verhältnissen messen: durch Belastung eines Stabes bis zum Bruch. Je nach der Richtung der angreifenden Kraft zur Stabachse unterscheidet man: Zug- oder Zerreißfestigkeit, Druckfestigkeit, Biegungsfestigkeit usw. Fällt, wie in Abb. 1, die Kraft P in die Stabachse und ist sie vom Stab weg gerichtet, so beansprucht sie den Stab auf Zerreißen und der Widerstand des Stabes ist die Zug- oder Zerreißfestigkeit oder kurz auch wohl einfach die Festigkeit des Werkstoffes. Um beim Messen vom Querschnitt des Stabes unabhängig zu sein, ist folgende Begriffsbestimmung getroffen: Als Zugfestigkeit σ_B wird der auf die Flächeneinheit des Anfangsquerschnitts F_0 entfallende Teil der Höchstbelastung P_B bezeichnet:

$K_z = \dfrac{P_B}{F_0}$. Dabei wird die Belastung (P, P_B ...) in kg, der Querschnitt (F_0, F ..) in mm² gemessen, also die Festigkeit (σ_B) in kg/mm² angegeben.

Ist z. B. zum Zerreißen eines Stabes von 20 mm $\varnothing$ eine Höchstbelastung von

17 900 kg nötig, so ist die Festigkeit des Werkstoffes: $\sigma_B = \dfrac{P_B}{F_0} = \dfrac{17\,000}{20 \cdot 20 \cdot \pi/4} = 57\,\text{kg/mm}^2$.

Beim Zugversuch, durch den die Zugfestigkeit festgestellt wird, mißt man nicht nur die Höchstbelastung, sondern auch die Verlängerung, die der Stab bei der langsam fortschreitenden Belastung erfährt, indem man je die zueinander gehörigen Werte von Belastung und Verlängerung beobachtet und im Zerreißschaubild zusammenstellt (Normung durch DIN 1605)[2].

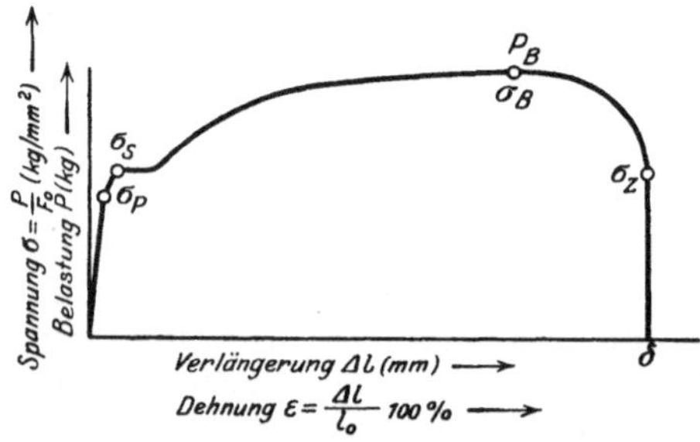

Abb. 2. Spannungs-Dehnungs-Schaubild.

In diesem Schaubild (Abb. 2) trägt man auf der senkrechten Achse die Belastung P (kg) oder meistens die Spannung σ auf, die gleich der Belastung dividiert durch den Anfangsquerschnitt F_0 gesetzt wird, also $\sigma = P/F_0$ (kg/mm²); auf der waagerechten Achse trägt man die Verlängerung Δl (mm) der Meßlänge l auf oder meistens die Dehnung ε, die das Verhältnis der Verlängerung Δl zur ursprüng-

---

[1] Näheres s. Heft 34: Werkstoffprüfung.
[2] Alle vom Deutschen Normenausschuß (DNA) herausgegeben Normblätter tragen vor der Nr. das Zeichen „DIN".

lichen Meßlänge l_0 ist und in Hundertteilen angegeben wird, also $\varepsilon = \dfrac{\varDelta l}{l} \cdot 100\%$.

Man nennt daher Abb. 2 auch das Spannungs-Dehnungs-Schaubild.

Verfolgt man den Verlauf der Kurve genauer, so erkennt man einige ausgezeichnete Punkte, die für den Werkstoff charakteristisch und für seine Verwendung wichtig sind: die Proportionalitätsgrenze σ_P, bis zu der der Stab sich gleichmäßig, d. h. proportional der Belastung verlängert; die Streckgrenze (Fließgrenze) σ_S gleich der Spannung, bei der trotz zunehmender Formänderung die Kraftanzeige der Prüfmaschine erstmalig unverändert bleibt oder zurückgeht; die Bruchdehnung δ gleich der Dehnung nach dem Bruch, wie die anderen Werte ε der Dehnung in % der ursprünglichen Meßlänge angegeben ($\delta = \dfrac{\varDelta l}{l_0} 100\%$).

Aus dem Schaubild ist weiter zu erkennen, daß die Spannung σ_Z, die schließlich zum Bruch führt, erheblich kleiner ist als die Bruchspannung σ_B, d. h. daß Bruchdehnung und Bruchspannung keine zugeordneten Werte sind.

Nicht unmittelbar aus dem Schaubild ist die örtliche Einschnürung am Probestab zu erkennen, die etwa nach dem Erreichen der Bruchspannung am Stab dort eintritt, wo er nachher reißt. Die genaue Begriffsbestimmung ist: als Einschnürung ψ wird das Verhältnis der Querschnittsverminderung $\varDelta F$ an der Bruchstelle zum Ausgangsquerschnitt F_0 bezeichnet; sie wird in der Regel in % angegeben: $\psi = \dfrac{\varDelta F}{F_0} 100\%$.

Bruchdehnung und Einschnürung sind neben (Zerreiß-) Festigkeit und Streckgrenze die wichtigsten Größen zur Beurteilung der Festigkeitseigenschaften eines Baustoffes. Die Bedeutung der Festigkeit leuchtet ohne weiteres ein; die Bedeutung der Streckgrenze liegt darin, daß sie die Spannung angibt, bis zu der keine größeren bleibenden Formänderungen entstehen; Bruchdehnung und besonders Einschnürung können als Maß für die Formänderungsfähigkeit (unter ruhender Belastung) angesehen werden.

Die Härteprüfung unter ruhender Belastung wird in Abschnitt 5 erörtert.

4. Festigkeitsgrößen bei wechselnder, schwingender und stoßartiger (dynamischer) Belastung. Die bislang erörterten Festigkeitsgrößen sind bei ruhender bzw. langsam fortschreitender Belastung oder Spannung gewonnen worden. Da jedoch Stöße, einzeln, wiederholt oder dauernd, überhaupt rasche Spannungsschwankungen und -wechsel eine große Rolle bei der Beanspruchung der Maschinenteile im Betrieb spielen und sie meist die Ursache der Brüche sind, so hat man mehr und mehr auch diesen Belastungen entsprechende Prüfungen eingeführt.

Die Technik dieser Prüfungen ist jedoch noch ganz in der Entwicklung. Vielfach ist man sich über die richtige Durchführung nicht einig und hat die Gesetzmäßigkeit für die Auswertung noch nicht gefunden, die erst die Möglichkeit des Vergleichs gibt. Vor allem aber liegen, von den meisten dieser Prüfungen noch nicht genügend Ergebnisse vor, um sie planmäßig verwenden zu können.

So ist es zu erklären, daß die dynamische Prüfung trotz ihrer grundsätzlichen Wichtigkeit nur erst wenig Gütewerte für die Werkstoffbeurteilung liefert. Abgesehen von der Sprunghärte (die im Abschnitt 5 erörtert wird), ist es besonders die Kerbzähigkeit, die hier daher kurz erläutert werden soll.

Kerbzähigkeit. Daß Dehnung und Einschnürung als Maß für die (statische) Zähigkeit gelten können, wurde bereits in Abschnitt 3 gesagt. Für die Schlagzähigkeit gilt das aber durchaus nicht; sie muß vielmehr besonders gemessen werden. Das geschieht durch einen Schlagbiegeversuch mit eingekerbtem Stab. Die Kerbe hat dabei die Aufgabe, den Prüfungsstab den Teilen der Praxis grundsätzlich anzugleichen, die fast immer einspringende Ecken, plötzliche Querschnittsänderungen und dgl. haben, die, wie die Kerbe, die Widerstandsfähigkeit gegen Schlag erheblich herabsetzen. Begriffsbestimmung: Kerbzähigkeit ist die durch die spezifische Schlagarbeit festgelegte Eigenschaft des Werkstoffes. Spezifische Schlagarbeit nennt man die auf 1 cm² des gefährlichen Querschnittes bezogene, in kgm ausgedrückte Schlagarbeit, die nötig ist, um den gekerbten Probestab durch einen einzigen Schlag zu brechen.

5. Härte und Härteprüfung. Die Härte eines Werkstoffes, d. i. der Widerstand, den der Werkstoff dem Eindringen eines anderen Körpers entgegensetzt, ist keine genau umgrenzte Eigenschaft, vielmehr abhängig von der Art der Prüfung. Und da jede Prüfung eine Gruppe etwas anderer mechanischer Eigenschaften erfaßt, so besteht zwischen den Einheiten der verschiedenen zahlenmäßigen Prüfungsergebnisse oft keine einfache, vielfach gar keine gesetzmäßige Beziehung.

Die zahlreichen Härte-Prüfverfahren lassen sich in zwei Gruppen ordnen: die mit ruhender Belastung des Werkstoffes und die mit schlagartiger. Aus der ersten Gruppe sind für Werkstattuntersuchungen geeignet: die Brinellprobe und die Rockwellprobe, aus der zweiten Gruppe: die Rückprallprobe und die Kugelschlagprobe. Da ausreichende und verläßliche Angaben z. T. nur von der Brinell-, Rockwell- und der Rückprall-Härteprüfung vorliegen, so sollen nur diese Verfahren hier kurz erläutert werden.

Brinell-Härteprüfung: es wird eine gehärtete Stahlkugel mit einer statisch wirkenden Kraft solange in die Oberfläche des Werkstoffes hineingedrückt bis das Vordringen der Kugel praktisch zum Stillstand kommt. Die Begriffsbestimmung für die Härte besagt: Kugeldruck- oder Brinellhärte H ist die durch den Versuch ermittelte Spannung, d. h. die Belastung, bezogen auf die Kalottenfläche des Kugeleindruckes. Da H von der Größe der Belastung und dem Kugeldurchmesser abhängt, sind beide durch DIN 1605 festgelegt, um vergleichbare Ergebnisse zu erhalten.

Die Rockwell- oder Testor-Härteprüfung ist ähnlich der Brinellprüfung, nur einfacher, da die Härteziffer unmittelbar an einer Skala abgelesen werden kann. Einen besonderen Vorzug hat sie für die Prüfung gehärteter Oberflächen, da für diese statt einer Stahlkugel eine Diamantspitze benutzt wird. Man erhält dadurch viel richtigere Werte; denn die Stahlkugel versagt um so mehr, d. h. zeigt zu niedrige Werte an, je mehr sich die Härte der zu prüfenden Fläche derjenigen der Prüfkugel nähert. Neuerdings werden daher häufig die Brinellwerte für harte und gehärtete Stähle aus der Rockwell(-C)-Härte errechnet.

Rückprall-Härteprüfung: Man läßt einen kleinen Hammer mit Diamantspitze auf die zu prüfende Fläche fallen. Der Hammer springt zurück; die Höhe des Rücksprunges, die an einer Skala abgelesen wird, setzt man der Härte proportional. Gehärteter glasharter Stahl zeigt 100 (auch noch etwas mehr): Skleroskop von Shore. Diese Prüfung ist besonders einfach und auch für gehärtete Flächen gut geeignet, doch ist die Verläßlichkeit nicht immer ausreichend.

Die Kugelschlagprobe ist für rasche Auswahl in der Werkstatt bei nicht zu harten Stählen sehr wohl zu brauchen, falls keine größeren Ansprüche an die Genauigkeit gestellt werden.

Daß schließlich auch die Feilenprobe noch benutzt und in manchen Fällen nicht ersetzbar ist, davon wird im zweiten Teil die Rede sein.

6. Einfluß des Kohlenstoffgehaltes auf die Festigkeits-Gütewerte von Stahl. Der Kohlenstoffgehalt ist auf alle Festigkeits-Gütewerte von sehr großem Einfluß. Eine Beurteilung und ein Vergleich dieser Werte in Abhängigkeit vom Kohlenstoffgehalt ist aber nur unter zwei Bedingungen sinnvoll: erstens darf der Gehalt an Nebenbestandteilen (Mangan, Silizium usw.) den üblichen mittleren Betrag nicht überschreiten und zweitens müssen alle Stähle vor ihrer Prüfung in gleicher Weise vorbehandelt sein.

Die sicherste Vorbehandlung ist richtiges, dem C-Gehalt angepaßtes Ausglühen (normalisieren) und die folgenden Angaben sollen sich daher auch auf diesen Zustand beziehen, soweit nicht etwas anderes angegeben ist. Man darf nun aber nicht glauben, daß unter dieser Bedingung die Stähle für denselben Kohlenstoffgehalt stets dieselben Gütewerte zeigten. Das ist durchaus nicht der Fall; vielmehr sind die Unterschiede wegen der unvermeidlichen Verschiedenheit im Gehalt an Nebenbestandteilen und wegen der verschiedenen Erzeugung recht erheblich. Die im folgenden angegebenen Zahlenwerte sind daher nur als Mittelwerte anzusehen.

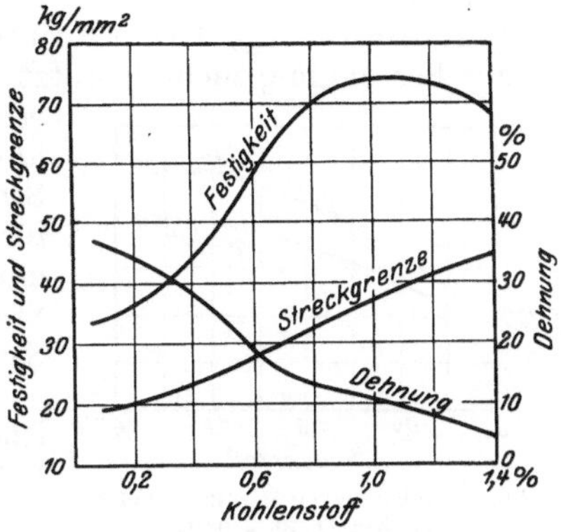

Die Festigkeit (Abb. 3) wächst mit zunehmendem Kohlenstoffgehalt, bis sie bei etwa 1% C mit ungefähr 75 kg[1] ihren Höchstwert erreicht, von dem sie mit weiter wachsendem C-Gehalt langsam absinkt.

Die Streckgrenze wächst gleichfalls mit zunehmendem Kohlenstoffgehalt, jedoch gleichmäßiger und ohne wieder zurückzugehen.

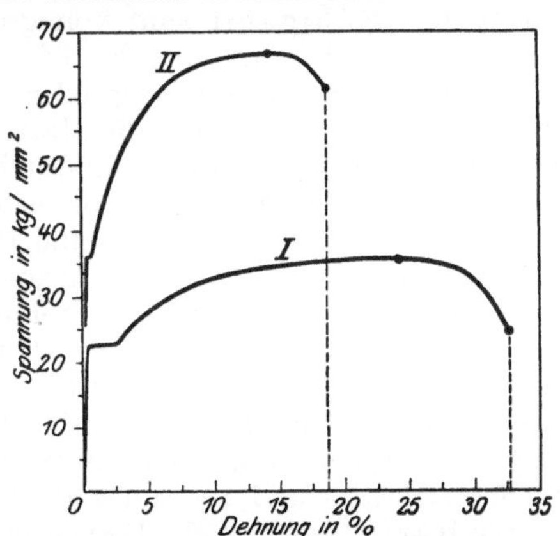

Abb. 3. Abhängigkeit der Festigkeits-Gütewerte des Stahls vom Kohlenstoffgehalt.

Die Dehnung nimmt ständig, wenn auch nicht ganz stetig, ab, und ähnlich verhält sich die (in Abb. 3 nicht gezeigte) Einschnürung. Es gehören also zu niedrigem C-Gehalt: geringe Festigkeit und hohe Dehnung, zu hohem C-Gehalt: hohe Festigkeit und geringe Dehnung. Das ist besonders deutlich auch aus Abb. 4 zu erkennen, die das Spannungs-Dehnungs-Schaubild in Kurve I für einen weichen Stahl mit etwa 0,05% C und in Kurve II für einen harten Stahl mit etwa 0,65% C zeigt. Ungeglühter Stahl, wie er ohne besondere Vorschrift vom Stahlwerk geliefert wird, hat infolge des Walzens oder Schmiedens bei abnehmender Temperatur höhere Härte und Streckgrenze, geringere Dehnung und Einschnürung als geglühter.

Den Einfluß des Kohlenstoffgehaltes auf die Härte, und zwar die Brinellhärte, zeigt Abb. 5 für geglühten und ungeglühten (geschmiedeten) Stahl. In beiden Fällen wächst die Härte erst rascher, dann langsamer mit dem C-Gehalt; aus oben angegebenem Grunde liegt sie — ebenso wie die Festigkeit — für ungeglühten Stahl höher als für geglühten.

Abb. 4. Spannungs-Dehnungs-Schaubilder.
I. Stahl mit 0,05% C. II. Stahl mit 0,65% C.

7. Bedeutung der mechanischen Gütewerte für die Konstruktion. Für die Berechnung der Abmessungen der Querschnitte ist in der Hauptsache die Festigkeit maßgebend, so daß also unter sonst gleichen Umständen die Abmessung um so kleiner, das Gewicht der Konstruktion um so geringer wird, je höhere Festigkeit der gewählte Stahl hat.

Die „zulässige Belastung" darf allerdings nicht etwa fast gleich der Zerreißfestigkeit gewählt werden, weil dann erhebliche, bleibende Formänderungen entständen; sie darf aber auch nicht einmal der Streckgrenze, der Grenze für solche

---

[1] Man läßt häufig die nähere Angabe: /mm² fort.

Formänderungen nahekommen, weil fast immer auch dynamische Beanspruchungen auftreten, die bei der Berechnung, die an sich schon sehr unsicher ist, kaum berücksichtigt werden können. Die zulässige Belastung kann immer nur ein Bruchteil der Zerreißfestigkeit bzw. der Streckgrenze sein, abhängig von den besonderen Umständen.

Bruchdehnung, Einschnürung und Kerbzähigkeit können unmittelbar zur Berechnung nicht benutzt werden, wohl aber sind sie als Sicherung von erheblicher Bedeutung: eine große Dehnung verhindert Rißbildung bei Beanspruchung über die Streckgrenze und die Einschnürung kann als Maß für die Formänderungsfähigkeit gelten, die unmittelbar Sicherheit gegen Bruch gibt. Bei Stoßbeanspruchung gibt die Kerbzähigkeit die Sicherheit.

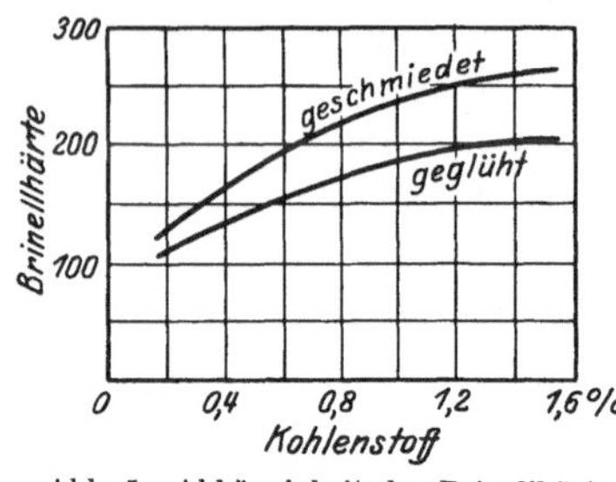

Abb. 5. Abhängigkeit der Brinellhärte vom Kohlenstoffgehalt.

Die Härte ist für die Konstruktion wichtig in Rücksicht auf den Verschleiß, wenn Teile unter Belastung sich gegeneinander bewegen (Lager, Führungen, Zahnräder usw.). Je größer die Gefahr des Verschleißes, um so härter wird im allgemeinen die Oberfläche sein müssen. Doch steigt der Verschleißwiderstand nicht gleichmäßig mit der Härte, wie überhaupt eine einfache Gesetzmäßigkeit zwischen ihnen nicht besteht, um so weniger, als der Verschleiß immer auch vom Werkstoff des anderen Teils abhängt.

8. Bedeutung der mechanischen Gütewerte für die Werkstatt. Festigkeit, Härte und Zähigkeit sind von großem Einfluß auf die Bearbeitbarkeit des Werkstoffes, d. h. auf seine Fähigkeit, sich durch Zerspanen des Überschusses (mit Schneidwerkzeugen) mehr oder weniger leicht in die vorgeschriebene Form bringen zu lassen: je größer die Härte und Zähigkeit, um so schlechter die Bearbeitbarkeit. Jedoch gilt das nicht durchaus, wie überhaupt eine einfache Beziehung zwischen Bearbeitbarkeit und diesen mechanischen Eigenschaften nicht besteht.

Mit diesem selben Vorbehalt sind Härte und Zähigkeit des Stahls, aus dem das Werkzeug besteht, auch maßgebend für dessen Schneidhaltigkeit, d. i. für die Lebensdauer oder Standzeit der Schneide. Dabei kommt es auf diejenige Härte an, die die gehärtete Schneide noch bei der durch die Schneidwärme erzeugten Anlaßtemperatur hat (5. Abschnitt). Ausdrücklich sei hervorgehoben, daß die wirkliche Größe der Bearbeitbarkeit des Werkstückes bzw. der Schneidhaltigkeit des Werkzeuges nur durch unmittelbare Schnittversuche bestimmt werden kann, bei denen die Schnittkräfte und besonders die Standzeit des Werkzeuges gemessen werden.

Die Härte, vielmehr die Härteprüfung, ist ferner ein sicheres und bequemes Mittel, die Warmbehandlung (Glühen, Härten, Vergüten) in der Werkstatt zu überwachen, d. h. die Richtigkeit und Gleichmäßigkeit des Ergebnisses festzustellen. — Stehen Prüfstäbe zur Verfügung, so ist, besonders in Zweifelsfällen, die Kerbschlagprobe sehr geeignet, die Unrichtigkeit einer Warmbehandlung herauszufinden.

Einschnürung und Dehnung sind schließlich als ein Maß für die Zähigkeit wichtig, wenn der Werkstoff kalt verformt werden soll.

III. Einteilung der Stähle.

Seit der Werkstoffausschuß des DNA bestimmt hat, daß alles schon ohne Nachbehandlung schmiedbare Eisen als „Stahl" bezeichnet werden soll, sind die Bemühungen von früher, zwischen „Stahl" und „Schmiedeeisen" zu unterscheiden, gegenstandslos geworden. Das ist zu begrüßen; denn ob man Stahl als das gegenüber Schmiedeeisen härtere, festere, härtbare oder kohlenstoffreichere „schmiedbare Eisen" erklärte, es gelang nie, eine bestimmte, befriedigende Grenze zwischen ihnen zu ziehen.

Wenn heute in der Werkstatt, im Handel und auch in der Normung Wort und Begriff „Eisen" im Sinne von Schmiedeeisen noch leben, so bezeichnen sie keinen Gegensatz zu „Stahl" mehr, sondern nur sehr weiche Sorten Stahl von bestimmter Form (L-Eisen, Schraubeneisen usw.).

9. Gewöhnliche und Edelstähle. Von den gewöhnlichen, handelsüblichen Stählen, wie sie z. B. für Maschinenbauzwecke als „Maschinenbaustahl, unlegiert" durch DIN 1611 in verschiedenen Festigkeits-Gütewerten (Mindest-Zugfestigkeit $34 \div 70$ kg/mm^2, entsprechend einem Kohlenstoffgehalt von etwa $0,12 \div 0,60\%$) festgelegt sind, unterscheidet man die Edelstähle, ohne daß allerdings eine scharfe Grenze gezogen werden könnte. Schon die Stähle DIN 1611 zerfallen in zwei Gruppen A und B, von denen die Gruppe A, ohne zahlenmäßig gewährleisteten Höchstgehalt von Schwefel und Phosphor, weniger rein sein darf als Gruppe B. Sodann sind auf DIN 1661 die Einsatz- und Vergütungsstähle (s. Tabelle 6 S. 44) genormt, für die wieder ein höherer Reinheitsgrad vorgeschrieben ist als für die Gruppe B DIN 1611, so daß diese Stähle zwischen den eigentlichen Edelstählen und den gewöhnlichen Maschinenstählen stehen.

Die Edelstähle sind Stähle von hoher Reinheit ihrer Zusammensetzung (fast frei von Schwefel, Phosphor, Arsen usw.) und engbegrenztem Gehalt an Silizium und Mangan. Sie sind in weitem Maße frei von Gasen, Eisenoxyden (Eisenoxydul), nichtmetallischen Einschlüssen (Schlacken), Hohlräumen (Lunkern), Rissen usw. und haben gleichmäßiges Gefüge. Wenigstens sucht das Stahlwerk sie möglichst fehlerlos herzustellen: sie werden sorgfältig erschmolzen (besonders gut entgast und desoxydiert), früher nur im Tiegel, heute weit überwiegend im Elektro-Ofen und auch im kleinen Martin-Ofen, werden dann mit gleicher Sorgfalt weiter verarbeitet (geschmiedet oder gewalzt und gegebenenfalls geglüht) und ausgesucht. Edelstähle sind infolgedessen von großer Zuverlässigkeit und vertragen im besonderen jede, auch schroffe, Warmbehandlung verhältnismäßig gut.

Fast alle legierten Stähle (s. Abschnitt 10) zählen zu den Edelstählen, doch sind nicht alle Edelstähle legiert; auch reine Kohlenstoffstähle werden als Edelstähle hergestellt. Sie haben dann als Werkzeugstähle einen hohen Kohlenstoffgehalt, während die legierten mit jedem Kohlenstoffgehalt vorkommen.

10. Legierte und unlegierte Stähle. Die unlegierten Stähle, das sind die Kohlenstoffstähle, sind in ihren physikalischen und mechanischen Eigenschaften eng begrenzt, da ihr Verhalten fast nur durch den Kohlenstoffgehalt bestimmt wird. Für die mechanischen Gütewerte ist Abb. 3 maßgebend, aus der zu entnehmen ist, daß hohe Festigkeit und Streckgrenze immer nur mit geringer Dehnung, Einschnürung, Zähigkeit zusammengeht. Weiter ist z. B. die Schneidhaltigkeit der hochgekohlten Werkzeugstähle davon abhängig, daß die gehärtete Schneide sich durch die Schneidwärme nicht über 150—180° erhitzt, und an feuchter Luft rosten alle Kohlenstoffstähle schnell.

Durch Zusatz von gewissen Metallen, wie Nickel, Chrom, Wolfram usw. zum Stahl können diese und andere Unzulänglichkeiten verringert bzw. beseitigt, kann überhaupt fast jeder Gütewert gesteigert und können ganz neue Eigenschaften hervorgerufen werden.

Derartig legierte Stähle werden seit 2—3 Jahrzehnten in steigendem Maße gebraucht und haben auf manchen Gebieten, z. B. in der Werkzeugtechnik,

Tabelle 1. Einteilung und Benennung der Stähle.

Allgemeine Bezeichnung	Benennung nach:			Kohlenstoffgehalt %	Legierungsmetalle	Unterteilung	Markenbezeichnung nach DIN
	Gütegrad	Erzeugung	Verwendung				
Stahl	gewöhnl. Stahl	Martin-stahl	Maschinenstahl	0,05÷0,7	unleg.	nach Festigkeit oder C-Gehalt: weich, mittel, hart	St 00.11, St 37.11 St 34.11, St 42.11, St 50.11 St 60.11, St 70.11
	Sonder-stahl	Martin-stahl	Einsatzstahl	0,06÷0,2	unleg.	nach C-Gehalt	St C 10.61, St C 16.61
	Sonder-stahl	Martin-stahl	Vergütungstahl	0,2÷0,7	unleg.	nach C-Gehalt	St C 25.61, St C 35.61 St C 45.61, St C 60.61
	Edelstahl	Tiegel-stahl Elektro-stahl Martin-stahl	Baustahl — Einsatzstahl	0,08÷0,18	leg.	nach Art und Menge der Legierungsmetalle	EN 15, ECN 35, ECN 45
			Baustahl — Vergütungst.	0,2÷0,5	leg.	nach Art und Menge der Legierungsmetalle	VCN 15 (w u. h), VCN 35 (w u. h),VCN 45
			Werkzeugstahl	0,6÷1,5	unleg.	nach C-Gehalt: zäh, zäh-hart, hart, sehr hart	
			Werkzeugstahl	0,4÷2	leg.	nach Art und Menge der Legierungsmetalle	

die Kohlenstoffstähle fast ganz verdrängt.

Eingeteilt werden die legierten Stähle einmal nach der Natur der Legierungsmetalle in Nickelstähle, Chromstähle usw., dann nach der Menge der Legierungsmetalle in niedrig-, mittel- und hochlegierte, womit dann allerdings weniger ein bestimmter zahlenmäßiger Gehalt bezeichnet werden soll als vielmehr die Stellung in einer Gruppe (näheres s. Kapitel IX).

11. Baustähle und Werkzeugstähle. Baustähle sind Stähle, die für Maschinen, Apparate, Fahrzeuge usw. verwendet werden und die zur Erfüllung ihrer Aufgabe meist eine größere oder doch nicht allzu geringe Dehnung und Kerbzähigkeit und wegen der Bearbeitbarkeit eine nicht allzu große Härte haben sollen. Es sind daher meist Stähle mit einem Kohlenstoffgehalt zwischen 0,05 und 0,6%. Die handelsüblichen, nicht legierten Baustähle werden meist Maschinenstähle genannt und sind als „Maschinenbaustahl, unlegiert" genormt (s. Abschnitt 9).

Werkzeugstähle sind Stähle mit hoher Härte und Härtbarkeit, die für Schneidwerkzeuge und viele Meßwerkzeuge verwendet werden, weiter aber auch für mancherlei meist kleinere, hoch beanspruchte Teile im Maschinenbau, wie Kugeln und Kugellager, feine Federn usw. Bei den unlegierten Sorten bewegt sich der Kohlenstoffgehalt zwischen etwa 0,6 und 1,5%, bei den legierten ist er auch kleiner oder größer (s. Abschnitt 56ff.).

Eine scharfe Grenze zwischen Bau- und Werkzeugstählen ist nicht zu ziehen, ebenso wie es auch noch Stähle für besondere Verwendungszwecke gibt, die sich in keine der beiden Gruppen so recht einordnen lassen, wie z. B. Federstähle für Fahrzeuge, Magnetstähle, Gesenkstähle usw.

In Tabelle 1 sind die für den Maschinenbau und die Warmbehandlung wichtigsten Stähle zusammengestellt.

IV. Gefügeaufbau des Stahls.

A. Kristall und Raumgitter.

12. Kristalline Struktur der Metalle. Alle metallischen Baustoffe, wie überhaupt die meisten festen Körper, bestehen aus Kristallen, sind kristallin. Nichtkristalline, sogenannte amorphe Körper sind selten (z. B. Glas und Bernstein). Die Kristalle, die das Gefüge des (ausgeglühten) Metalls bilden, sind kleine rundliche Körner, die ohne regelmäßige Begrenzungsflächen regellos nebeneinander liegen. Beim Erstarren des geschmolzenen Metalls beginnen nämlich an vielen Punkten Kristalle zu wachsen, die sich alle so weit ausdehnen, bis sie an die benachbarten anstoßen und so sich gegenseitig am Weiterwachsen hindern. Daraus ergibt sich auch die unregelmäßige, zufällige Form der Begrenzungsflächen. Abb. 6 zeigt ein einzelnes (gezeichnetes) Kristallkorn von reinem Eisen. Form

Abb. 6. Kristallkorn.

wie Größe der Körner schwanken stark und können durch äußere Einwirkung (Wärme und mechanische Kräfte) in gewissen Grenzen willkürlich verändert werden. Das Maß a bewegt sich meist zwischen etwa $^1/_{100}$ und $^1/_5$ mm. Abb. 7 zeigt nach einer photographischen Aufnahme in 200facher Vergrößerung[1] die Struktur von reinem Eisen; man erkennt deutlich die Grenzen der einzelnen Körner. Abb. 8 stellt dagegen schematisch eine Stelle dar, an der drei Kristallkörner zusammenstoßen. Die kleinen Kreise bezeichnen die Stellen (Kerne), von denen aus die Kristalle nach jeder Richtung hin gewachsen sind.

× 200

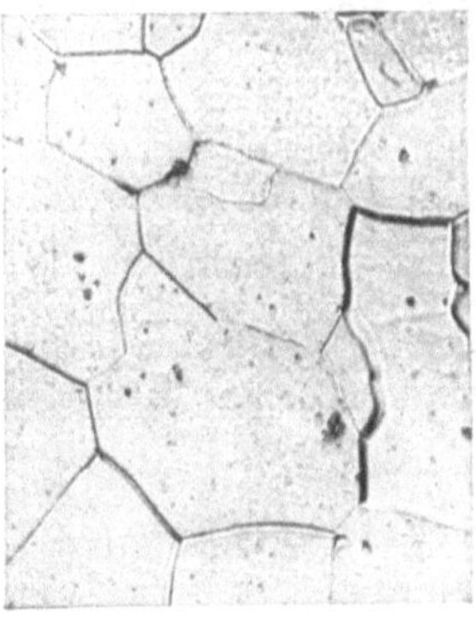

Abb. 7. Reines Eisen.

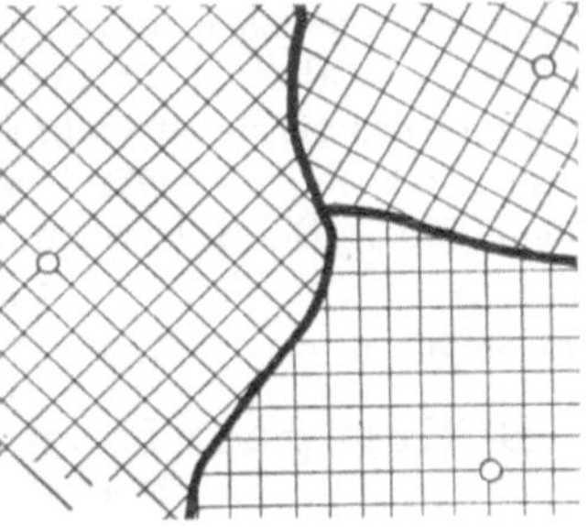

Abb. 8. Kristallkörner, schematisch.

13. Der Feinbau der Kristalle. Wir wissen heute, daß das Wesen des Kristalls nicht in der Regelmäßigkeit der äußeren Flächen und Winkel liegt, sondern in der Gesetzmäßigkeit des inneren Aufbaues, in der Regelmäßigkeit der Anordnung der kleinsten Stoffteilchen (Atome oder Atomgruppen), dem sogenannten Raumgitter. Beim kubischen Raumgitter, von dem Abb. 9 einen kleinen Bereich schematisch zeigt, liegen die Atome (in Abb. 9 durch die Kugeln dargestellt) so zueinander, als ob sie in den Eckpunkten von lauter kleinen Würfeln säßen. Diese Würfel, die unmittelbar aneinanderliegend zu denken sind, bilden die Bausteine des Gitters, die Gitterelemente. Die Kantenlänge eines solchen Elementes ist ungemein klein (3 bis 4 Hundertmillionstel mm), so daß demgegenüber das Raumgitter als praktisch nach allen Seiten unbegrenzt anzusehen ist. Tatsächlich endet es natürlich an den Grenzflächen des Kristalls.

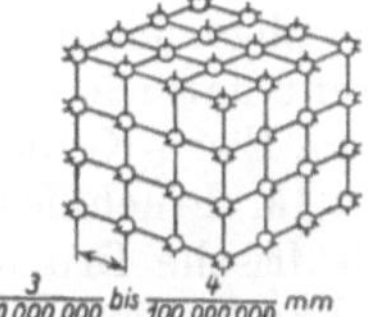

Abb. 9. Kubisches Raumgitter, schematisch.

Während in ein und demselben Kristall die Raumgitterelemente überall die gleiche, parallele Lage haben, unterscheiden sich die verschiedenen Kristalle

---

[1] Die Vergrößerung wird bei Gefügebildern durch das Zeichen: × · · · oben rechts angegeben.

durch die Verschiedenheit der Lage ihrer Raumgitter, wie das in Abb. 8 durch die feinen Liniennetze dargestellt ist.

14. Das Raumgitter des reinen Eisens. Das reine Eisen hat zwei verschiedene Raumgitter, deren beider Grundform jedoch der Würfel ist. Bei dem einen Gitter, dem „raumzentrierten", sitzen außer in den Ecken des Würfels noch Atome im Schwerpunkt des Würfels, also in seinem Mittelpunkt (Abb. 10A), bei dem anderen, dem „flächenzentrierten", sitzen Atome noch in der Mitte jeder Würfelfläche (Abb. 10B). Die Atome der flächenzentrierten Gitter sitzen enger beieinander als die der raumzentrierten. Die durch die verschiedenen Raumgitter bedingten verschiedenen Arten des reinen Eisens haben verschiedene Bezeichnungen: man nennt das Eisen mit dem raumzentrierten Raumgitter: α-Eisen, das mit dem flächenzentrierten Gitter: γ-Eisen. Die erwähnte dichtere Besetzung des flächenzentrierten Gitters hat zur Folge, daß das spezifische Gewicht des γ-Eisens größer ist als das des α-Eisens. Weitere Verschiedenheiten in den Eigenschaften der beiden Arten sind: α-Eisen ist magnetisch, γ-Eisen unmagnetisch, γ-Eisen kann Kohlenstoff lösen, α-Eisen nicht.

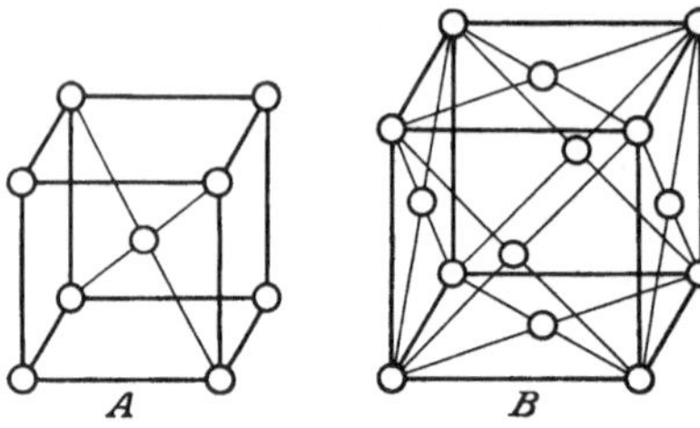

Abb. 10. Kubische Raumgitterelemente.
A. Raumzentriert (α-Eisen).
B. Flächenzentriert (γ-Eisen).

Die Kristallstruktur des α- und γ-Eisens kann nun nicht willkürlich hervorgerufen werden; sie ist vielmehr je an ein bestimmtes Temperaturbereich gebunden: α-Eisen ist bei niedriger Temperatur bis hinauf zu 900° beständig, γ-Eisen von 900—1400°. Beim Erwärmen bzw. beim Abkühlen wandeln sich also bei den entsprechenden Temperaturen, den sogenannten „Haltepunkten", die Kristalle von selbst um.

B. Gefügeaufbau der Eisen-Kohlenstoff-Legierung nach langsamem Abkühlen.

Spricht man beim Gefügeaufbau von der Eisen-Kohlenstoff-Legierung statt von Stahl, so tut man das, um damit zu betonen, daß vom Einfluß der Nebenbestandteile des Stahls abgesehen werden soll, obgleich er trotz der üblichen geringen Menge der Nebenbestandteile vorhanden ist. Da dieser Einfluß die Darstellung aber erschwert und das Wesentliche weniger klar hervortreten läßt, so sieht man im allgemeinen von ihm ab. Das soll auch hier geschehen. Beachtet man das, steht natürlich nichts im Wege, auch in diesem Zusammenhang von Stahl statt von Eisen-Kohlenstoff-Legierungen zu sprechen.

15. Bruchaussehen und Gefügebild. Bricht man ein Stück Stahl durch, so ist die frische Bruchfläche mehr oder weniger uneben und zackig, verschieden grob gekörnt oder sehnig, heller oder dunkler, matter oder glänzender, blauer, grüner oder weißer, manchmal am Rand und im Kern verschieden, mit dunklen oder hellen Stellen, streifig oder gleichmäßig usw. Der Praktiker beurteilt den Stahl gern nach diesem Bruchaussehen, indem er aus ihm auf die Zusammensetzung (Stahlsorte), die vorhergegangene Behandlung und auch auf Fehler schließt. Sicher ist, daß der Erfahrene aus dem frischen Bruch manches richtig erkennen kann, sicher ist aber auch, daß nur große Vorsicht und Selbstbeschränkung ihn vor Fehlurteilen schützen können. Denn nicht nur, daß das Bruchaussehen von Zufälligkeiten des Bruchs, der Menge der Nebenbestandteile, kleinen Ungleichheiten und der Beleuchtung beim Ansehen abhängt, es hat vor allem der Probenquerschnitt und die Art, wie gebrochen wird, einen großen Einfluß, ob durch einmaliges Biegen, mehrmaliges Hin- und Herbiegen, Zerreißen, Schlagen mit oder ohne Einkerbung. Zweifellos ist es, daß man am Bruchaussehen (Bruchgrobgefüge, Bruchkorn) unter bestimmten Bedingungen den Härtegrad (C-Gehalt) und die Art der Warmbehandlung erkennen kann, z. B. ob ein Stahl richtig ausgeglüht, ob er überhitzt oder verbrannt ist, ob ein einsatzgehärteter Stahl im Kern richtig vergütet, ein hochgekohlter Stahl richtig oder überhitzt gehärtet ist, und deshalb wird im folgenden auch an mehreren Stellen das Bruchaussehen zur Beurteilung herangezogen. Das ändert aber nichts daran, daß man am Bruchaussehen das eigentliche Gefüge, besonders auch wie es vor dem Bruch war, meist nicht erkennen und seine Veränderungen auch nicht verfolgen kann.

Das Gefüge nun sichtbar zu machen, für Stahl wie für jedes Metall, hat man seit 3 ÷ 4 Jahrzehnten gelernt: man schafft sich durch Sägen, Feilen oder Schleifen an dem Metall eine kleine ebene Fläche, die man mit immer feinerem Schmirgel glatt schleift und dann fein poliert. An dieser Fläche kann man schon ohne weiteres manche Gefügebestandteile und Mängel, wie Risse und Schlackeneinschlüsse erkennen. Um das Gefüge aber zu entwickeln, wird der „Schliff" noch geätzt. Das so entstehende Bild studiert man zunächst mit bloßem Auge und dann mit der Lupe, um die Struktur im ganzen kennenzulernen, und benutzt schließlich das Mikroskop, mit Vergrößerung bis zum 2000fachen und mehr, um das Kleingefüge bis in die letzten Einzelheiten zu erkennen. Abb. 7 sowohl wie die noch folgenden Gefügebilder sind photographische Aufnahmen solcher Schliffbilder durch das Mikroskop.

Die Technik der Herstellung dieser Schliffe, ihre Untersuchung und Deutung ist eine besondere Wissenschaft geworden, die Metallographie (im engeren Sinne).

16. Gefüge bei gewöhnlicher Temperatur. Kennzeichnend für das Gefüge des Stahls ist zweierlei: erstens, daß es nicht aus lauter gleichartigen Kristallen besteht, die aus Eisen und Kohlenstoff, im Verhältnis der Legierung gemischt sind (Mischkristalle), zweitens, daß der Kohlenstoff nie anders als in chemischer Verbindung mit Eisen und zwar als Eisenkarbid Fe_3C (mit 6,67% C) auftritt. Bei einem Kohlenstoffgehalt unter 0,9 % besteht nun das Gefüge aus reinen α-Eisen-Kristallen, zwischen die ein anderer Gefügebestandteil, der den Kohlenstoff enthält, eingelagert ist. Dieser Bestandteil ist aber nicht reines Eisenkarbid, sondern ein feines Gemenge aus Eisenkarbid und α-Eisen, die in dünnen Schichten abwechselnd übereinander gelagert sind. Das Mengenverhältnis des Eisenkarbids zum Eisen ist dabei in diesem Gemenge stets so, daß der Gehalt an Kohlenstoff 0,9% beträgt. Seines perlmutterartigen Glanzes wegen hat dieses Gemenge in der Metallographie die Bezeichnung „Perlit" erhalten und wegen der Schichtung im besonderen: „streifiger Perlit". Ferner wird α-Eisen mit „Ferrit" und Eisenkarbid mit „Zementit" bezeichnet, so daß also streifiger Perlit aus abwechselnden Schichten von Ferrit und Zementit besteht. Abb. 11 zeigt streifigen Perlit in 600facher Vergrößerung: Ferrit hell, Zementit dunkel. Die Menge von Perlit wächst in der Legierung mit dem Kohlenstoffgehalt solange, bis bei 0,9% C das ganze Gefüge nur aus Perlit besteht.

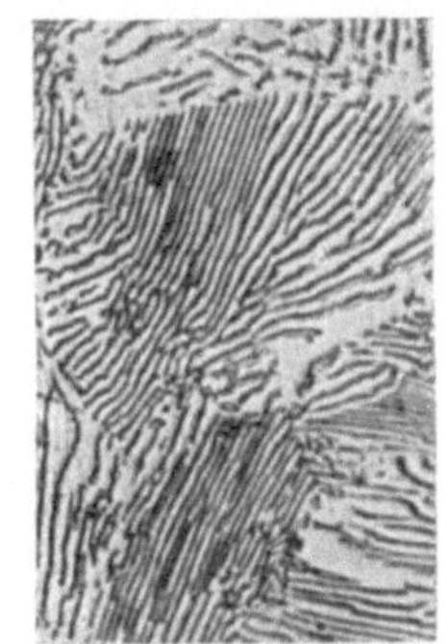

× 600

Abb. 11. Perlit.

Bei mehr als 0,9% C besteht das Gefüge aus Perlit mit eingelagertem freien Zementit in Form von Nadeln oder einem Netzwerk. Je höher der Kohlenstoffgehalt über 0,9% hinausgeht, um so mehr freier Zementit ist vorhanden.

Der nur aus Perlit bestehende Stahl heißt „eutektoider", der aus Perlit und Ferrit „untereutektoider", der aus Perlit und Zementit „übereutektoider".

Abb. 12 ÷ 15 zeigen Gefügebilder in 200facher Vergrößerung. Abb. 12 mit den wenigen dunklen Perlitinseln: Stahl mit etwa 0,1% C. Abb. 13 mit den zahlreichen dunklen Inseln: Stahl mit etwa 0,4% C, Abb. 14: Stahl mit 0,98% C, also reiner Perlit (nur $^1/_3$ so stark vergrößert wie Abb. 11), Abb. 15 mit den hellen Zementitadern im dunklen Perlit: Stahl mit etwa 1,3% C.

Von den drei Gefügebestandteilen ist Zementit der härteste, Ferrit der weichste. Die Härte des Perlits liegt dazwischen, jedoch näher an der des Ferrits.

17. Gefüge bei höherer Temperatur. Um den Einfluß der Warmbehandlung (Glühen, Härten, Vergüten) auf das Gefüge zu verstehen, genügt es nicht, den

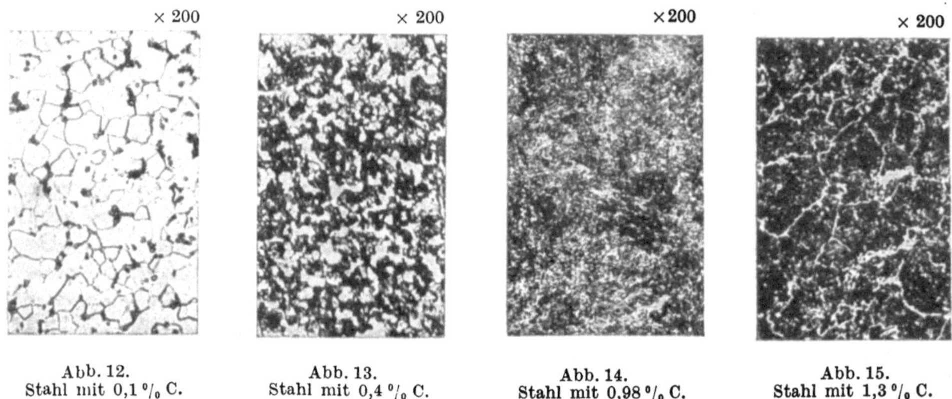

<table>
<tr><td>Abb. 12.
Stahl mit 0,1 % C.</td><td>Abb. 13.
Stahl mit 0,4 % C.</td><td>Abb. 14.
Stahl mit 0,98 % C.</td><td>Abb. 15.
Stahl mit 1,3 % C.</td></tr>
</table>

Gefügeaufbau bei gewöhnlicher Temperatur zu kennen, man muß auch wissen, daß er bei höheren Temperaturen anders ist. Denn Stahl gehört zu denjenigen metallischen Baustoffen, die das beim Erstarren zunächst entstandene Gefüge beim Abkühlen umwandeln. Das Gefüge, das wir im vorhergehenden Abschnitt kennengelernt haben, ist erst von etwa 720° an vorhanden und bleibt dann allerdings bei weiterer Abkühlung auch unter Zimmertemperatur ungeändert als endliches Ergebnis der Umwandlung. Die Ursache der Umwandlungen bei höherer Temperatur liegt in der Umkristallisation des reinen Eisens, die wir im Abschnitt 14 kennengelernt haben, und in der mit sinkender Temperatur abnehmenden Lösungsfähigkeit des γ-Eisens.

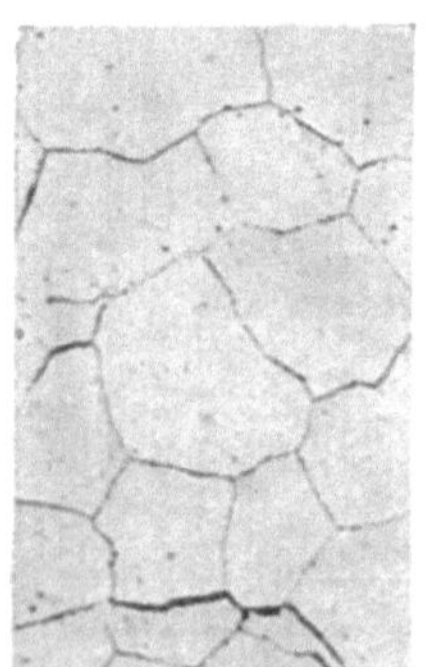

Abb. 16. Austenit.

Feste Lösung (Mischkristalle). Wenn flüssiger Stahl, aus dem Ofen in eiserne Formen (Kokillen) gegossen, zu Blöcken erstarrt, oder wenn abgekühlter Stahl wieder hoch erwärmt wird, so besteht sein Kleingefüge aus lauter gleichartigen nebeneinander gelagerten Körnern (Abb. 16), „Austenit" genannt, die im Bild ebenso als Polyeder erscheinen wie das reine Eisen in Abb. 7 bzw. der Ferrit in Abb. 12 und 13. Der Unterschied besteht darin, daß Austenit kein elementarer Stoff ist, sondern eine Mischung von Eisen und Kohlenstoff, und zwar in jedem Korn die gleiche, entsprechend dem Kohlenstoffgehalt der Legierung. Derartige Kristalle heißen Mischkristalle. Im Austenit ist, als weiterer Unterschied gegenüber Ferrit, nicht α-Eisen, sondern infolge der höheren Temperatur γ-Eisen. Nun wissen wir aus Abschnitt 14, daß γ-Eisen Kohlenstoff lösen kann, und tatsächlich haben wir es beim Austenit mit einer Lösung zu tun, d. h. es ist der Kohlenstoff im γ-Eisen gelöst wie Zucker im Wasser, nur daß die Lösung hier fest ist. Eine derartige „feste

Lösung" unterscheidet sich außer durch den Aggregatzustand in nichts von einer flüssigen, wodurch es auch verständlich wird, daß man im Austenit γ-Eisen und Kohlenstoff nicht voneinander unterscheiden kann, auch mit den schärfsten Mikroskopen nicht.

Von den Eigenschaften des Austenits ist bemerkenswert, daß seine Streckgrenze verhältnismäßig niedrig liegt, sodann besonders, daß er im Gegensatz zum Perlit nicht magnetisch ist. Das bedeutet, daß Stahl, der genügend hoch erwärmt wird, die Magnetnadel nicht mehr ablenkt, wie er es bei niedriger Temperatur mit jedem Kohlenstoffgehalt tut. Die Ursache liegt im γ-Eisen, das im Gegensatz zum α-Eisen unmagnetisch ist.

18. Gefügeumwandlung bei langsamer Abkühlung und Erwärmung. Betrachten wir zunächst die feste Lösung mit 0,9% C, also den eutektoiden Stahl. Diese Lösung bleibt bei allmählichem Abkühlen bis 720° bestehen, dann aber tritt bei weiterer Abkühlung eine Umwandlung ein[1]: die feste Lösung zerfällt zu dem feinen Gemenge von Ferrit und Zementit des uns schon bekannten streifigen Perlits (Abb. 11). Dieser bleibt dann bei weiterer Abkühlung unverändert bestehen. Beträgt dagegen der Kohlenstoffgehalt der festen Lösung mehr oder weniger als 0,9%, so geht die Umwandlung anders vor sich: sie beginnt erstens schon früher als bei 720°, und zwar um so früher, je weiter sich der Kohlenstoffgehalt nach oben oder unten von 0,9% entfernt und zweitens zerfällt die feste Lösung nicht mit einem Male, sondern allmählich während eines Temperaturbereichs, indem sich zunächst eine winzige Menge von einem Gefügebestandteil ausscheidet. Dieser Bestandteil ist bei weniger als 0,9% C Ferrit, bei mehr als 0,9% C Zementit. Die Ausscheidung nimmt mit sinkender Temperatur zu und hat natürlich zur Folge, daß die zurückbleibende feste Lösung ihre Zusammensetzung ändert, ebenso wie heißes Zuckerwasser seine Zusammensetzung ändert, wenn beim allmählichen Abkühlen sich fester Zucker ausscheidet. Bei Eisen mit weniger als 0,9% C wird durch das Ausscheiden von Ferrit die zurückbleibende Lösung reicher an C, bei Eisen mit mehr als 0,9% C wird sie durch das Ausscheiden von Zementit ärmer an C, so daß sich also in beiden Fällen ihre Zusammensetzung der eutektoiden mit 0,9% C nähert. Ist schließlich die Temperatur bis auf 720° gesunken, so hat in beiden Fällen die zurückbleibende Lösung die eutektoide Zusammensetzung. Hier zerfällt, wie wir wissen, die eutektoide Lösung zu streifigem Perlit. Somit ergeben sich für langsam abgekühlte Stähle bei Temperaturen unter 720° die früher bereits angegebenen Kleingefüge: P e r l i t bei Stahl mit 0,9% C, P e r l i t u n d F e r r i t bei Stahl mit weniger als 0,9% C, P e r l i t u n d Z e m e n t i t bei Stahl mit mehr als 0,9% C. In Abb. 17 sind nun die Temperaturen dargestellt, bei denen die besprochenen Gefügeumwandlungen vor sich gehen. Dazu sind auf der waagerechten Achse die Gehalte an Kohlenstoff aufgetragen, auf der senkrechten Achse die Temperaturen. Die Linie *GOS* gibt die Temperaturen an, bei denen für Stahl mit weniger als 0,9% C die Ausscheidung von Ferrit beginnt, die Linie *SE* die Temperaturen, bei denen für Stahl mit mehr als 0,9% C die Ausscheidung von Zementit beginnt. Die gerade Linie *PK* gibt die für alle Stähle gleiche Temperatur an, bei der die eutektoide Lösung (mit 0,9% C) sich in Perlit umzuwandeln beginnt. Zieht man also von irgendeinem Punkte der waagerechten Achse, d. h. von einem Stahl mit einem bestimmten Kohlenstoffgehalt, eine Linie senkrecht nach oben (Kennlinie), so schneidet diese die Umwandlungslinien in denjenigen Punkten, die die Temperaturen für Beginn und Ende der Umwandlungen dieses Stahls angeben und die als Haltepunkte bezeichnet werden. So schneidet z. B. für einen Stahl

---

[1] Die Höhe dieser, wie der weiter unten besprochenen Umwandlungstemperaturen hängt etwas vom Silizium- und Mangangehalt des Stahls ab.

mit 0,5% C die Kennlinie die obere Umwandlungslinie (*GOS*) in Punkt 1 ($\approx 810°$), den Beginn der Ferrit-Ausscheidung anzeigend, und die untere Umwandlungslinie (*PS*) in Punkt 2 ($\approx 720°$), das Ende der Ferrit-Ausscheidung und den Zerfall der restlichen festen Lösung anzeigend. Für Stahl mit 0,9% C geht die Kennlinie durch Punkt *S*, ohne die Umwandlungslinien sonst noch zu schneiden, entsprechend

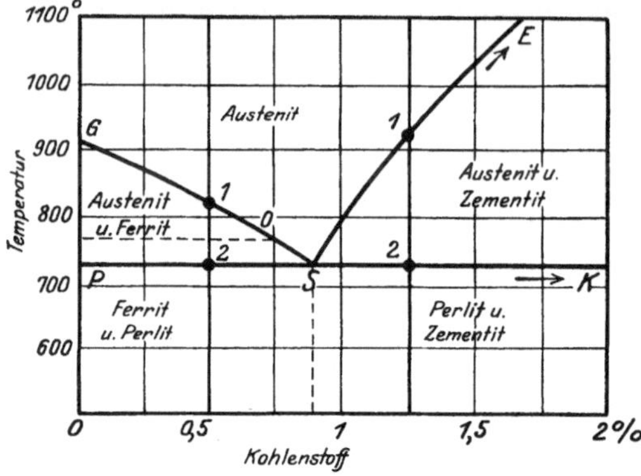

Abb. 17. Struktur-Schaubild der Eisen-Kohlenstoff-Legierungen.
$GSE = A_3$ (Ac_3, Ar_3). $PSK = A_1$ (Ac_1, Ar_1).

der unmittelbaren Umwandlung der festen Lösung in Perlit. Für Stahl mit 1,25% C dagegen schneidet die Kennlinie die Umwandlungslinien wieder in zwei Punkten: die obere in 1, den Beginn der Zementit-Ausscheidung anzeigend, die untere in 2, das Ende der Zementit-Ausscheidung und den Zerfall der restlichen festen Lösung anzeigend. Abb. 17 gibt in den Feldern auch die Gefügebestandteile an, die bei den verschiedenen Temperaturen im Stahl mit verschiedenen Kohlenstoffgehalten bestehen. Die Linie *GSE* wird von den oberen Haltepunkten gebildet, die Linie *PSK* von den unteren. Der Kürze halber bezeichnet man (nach dem Französischen) die oberen Haltepunkte wohl mit A_3, die unteren mit A_1 und zwar im besonderen beim Erwärmen mit Ac_3 bzw. Ac_1 und beim Abkühlen mit Ar_3 bzw. Ar_1.

19. Physikalische Erscheinungen bei langsamer Abkühlung oder Erwärmung. Die Gefügeumwandlungen sind von einer Reihe charakteristischer physikalischer Erscheinungen begleitet, die in unmittelbarem Zusammenhang mit den Gefügeumwandlungen stehen und die sowohl an sich bedeutsam sind, wie auch im besonderen dazu dienen, die Umwandlungstemperaturen zu bestimmen.

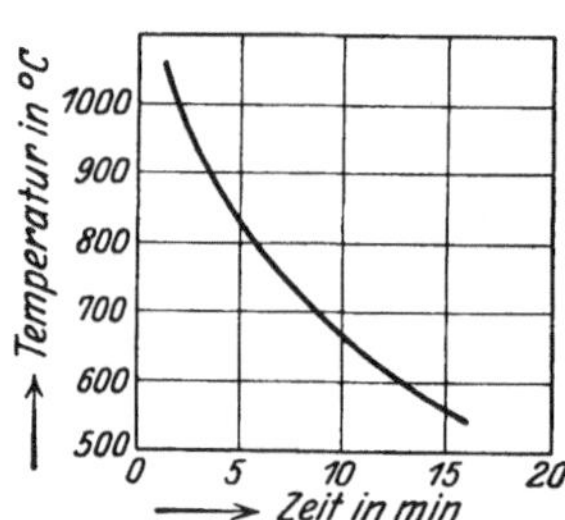

Abb. 18. Abkühlungskurve für Kupfer.

Wärmeerscheinungen. Die Umwandlungen sind Lösungsvorgänge und daher stets mit Wärmeänderungen verbunden: Wärme entsteht und wird frei, wenn die feste Lösung zerfällt, Wärme wird gebunden, d. h. verbraucht, wenn sich die feste Lösung bildet. Daher wird Wärme frei bei den Umwandlungen, die beim Abkühlen vor sich gehen, dagegen Wärme gebunden bei den Umwandlungen, die beim Erwärmen vor sich gehen.

Läßt man ein Stück hoch erhitztes Metall, das keine Umwandlungen durchmacht, wie z. B. Kupfer, sich langsam abkühlen, mißt von Zeit zu Zeit die Temperatur und zeichnet sie in Abhängigkeit von der Zeit auf, so erhält man einen Verlauf wie in Abb. 18, d. h. die Kurve gibt für jeden Augenblick die zusammengehörigen Werte der Abkühlungszeit und der Temperatur an. Man erkennt aus der Kurve, daß die Temperatur allmählich langsamer abnimmt, weil der Temperaturunterschied zwischen dem Kupferstück und der umgebenden Luft immer geringer wird. Die Kurve ist deshalb keine gerade Linie; wohl aber ist sie durchaus stetig, da die Temperatur nach einem ganz bestimmten einfachen Gesetz abnimmt.

Nimmt man nun statt des Kupfers ein Stück Stahl, so verläuft die Kurve wesentlich anders, nämlich nicht mehr stetig. Für einen Stahl mit 0,25% C ist sie in

Abb. 19 dargestellt. Sie hat einen Knick bei b, ein gerades Stück mit anschließender Krümmung bei c. Beide Unstetigkeiten rühren daher, daß im Innern des Stahls Wärme entsteht, die die Abkühlung verlangsamt und sie bei dem waagerechten Stück von c sogar für kurze Zeit ganz verhindert. Diese im Innern entstehende Wärme ist die oben erwähnte, beim Zerfall der Lösung entstehende Wärme, also

die Begleiterscheinung der uns bereits bekannten Gefüge-Umwandlungen: bei b, kurz unter 800°, beginnt die Ausscheidung von Ferrit aus der festen Lösung und dauert bis c; hier zerfällt dann die noch übrige feste Lösung von eutektoider Zusammensetzung zu Perlit. Nach obiger Bezeichnung wäre also bei Punkt b die obere Umwandlung Ar_3, bei Punkt c die untere Ar_1.

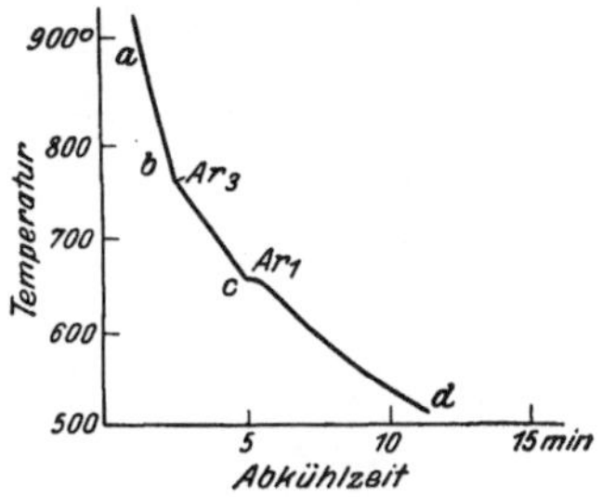

Ein Stahl mit 0,9% C würde im Gegensatz zu allen anderen nur die Unstetigkeit bei c zeigen, also nur die zweite bei ungefähr 700°, weil bei ihm die gesamte feste Lösung ohne vorherige Ausscheidungen zu Perlit zerfällt.

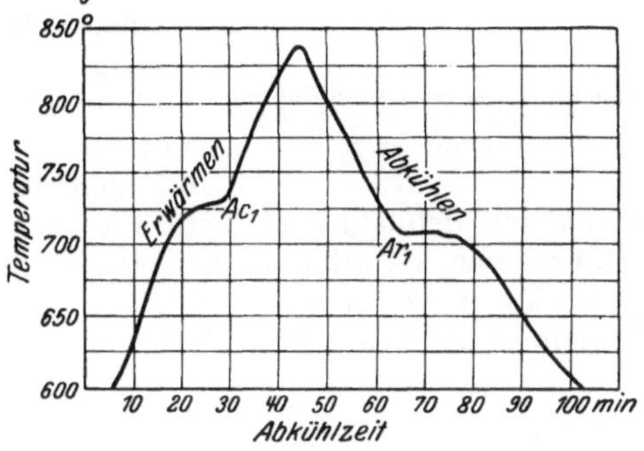
Abb. 19. Abkühlkurve für Stahl.

Bemerkenswert ist noch eins: Die Kurve, die bei langsamem Erwärmen entsteht, kann grundsätzlich das Spiegelbild der Abkühlungskurve sein, jedoch mit einem Unterschied: die Haltepunkte liegen beim Erwärmen etwas höher als beim Abkühlen. Das ist aus der Kurve in Abb. 20 deutlich zu erkennen, die für einen Stahl mit 1,15% C aufgenommen ist, allerdings nur zwischen den Temperaturen 600° und 850°, so daß nur die unteren Haltepunkte erscheinen. Man erkennt, daß die Umwandlungstemperatur beim Erwärmen: $Ac_1 = 730°$ ungefähr 25° höher liegt als die Temperatur beim Abkühlen: $Ar_1 = 705°$. Diese verschiedene Höhenlage ist von Bedeutung für das Abschrecken. Will man nämlich einen Stahl so hoch erwärmen, daß man ihn von einer Temperatur über der unteren Umwandlungstemperatur abschrecken kann, so muß man zunächst über Ac_1 gehen, kann dann aber bis kurz über Ar_1 erst langsam abkühlen lassen und braucht nun erst abzuschrecken.

Abb. 20.
Erwärmungs- und Abkühlungskurve für Stahl.

Magnetische Umwandlungen. Sie sind im wesentlichen durch das Auftreten des γ- und α-Eisens bestimmt. Demgemäß ist unterhalb der Linie PK (Abb. 17), d. h. nach der Umwandlung in Perlit, Stahl jeden C-Gehaltes magnetisch. Die übereutektoiden Stähle sind oberhalb SK, d. h. sobald ihr Perlit sich in Austenit umgewandelt hat, unmagnetisch, die untereutektoiden jedoch erst dann, wenn die Temperatur die gestrichelte Linie durch O überschritten hat.

Die magnetische Umwandlung kann für das Härten der Stähle ausgenutzt werden (s. 2. Teil).

Volumen- und Längenänderung. Es ist bekannt, daß alle Metalle (ausgenommen einige wenige Legierungen) sich bei der Erwärmung ausdehnen. Damit wächst ihr Volumen[1] — oder bei dünnen Drähten die Länge —, während das

---

[1] Unter Volumen versteht man den Raum, den ein Körper einnimmt; es entspricht also das Volumen den Abmessungen des Körpers. Gleiche Volume verschiedener Körper haben verschiedenes Gewicht, weil die Volumeinheit von verschiedenen Körpern verschieden schwer ist.

Gewicht der Volumeneinheit entsprechend abnimmt. Die Zunahme des Volumens für 1° Erwärmung ist zwar für die verschiedenen Metalle und Legierungen verschieden groß, aber für dasselbe Metall bleibt sie einigermaßen gleich, d. h. das Volumen wächst annähernd stetig mit der Temperatur. Stellt man daher die Abhängigkeit des Volumens von der Temperatur bildlich dar, so erhält man angenähert eine Gerade wie die obere, dünne Linie in Abb. 21, die die Längenzunahme eines dünnen Kupferdrahtes zeigt. Erwärmt man jedoch einen Stahldraht, z. B. mit 0,9% C, so erhält man statt der Geraden die stärker ausgezogene untere Linie, die bei etwa 750° eine Unstetigkeit hat. Diese Unstetigkeit ist eine Folge der Umwandlung von Perlit in Austenit, und zwar hängt die Verkürzung $a—b$ mit der Umwandlung des α-Eisens in γ-Eisen zusammen, die schnellere Zunahme $b—c$ mit der Auflösung des Karbidkohlenstoffs zu — wie man wohl sagt — Härtungskohle. Es ergibt sich aus dieser Linie also auch, daß das Volumen der Härtungskohle größer ist als das der Karbidkohle.

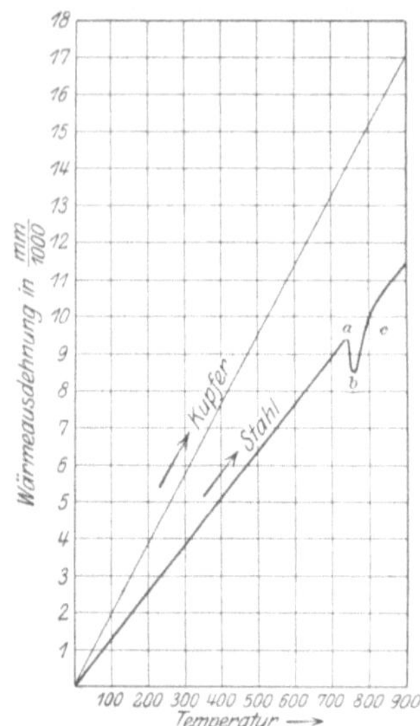

Abb. 21. Verlängerung von Kupfer- und Stahldraht für 1 mm Länge bei Erwärmen.

C. Einfluß der mechanischen Behandlung auf das Gefüge.

20. Gefüge und mechanische Eigenschaften. Die mechanischen Eigenschaften des Stahls (wie jedes anderen metallischen Werkstoffs) sind durchaus nicht mit der chemischen Zusammensetzung, besonders also mit dem Kohlenstoffgehalt, unverrückbar bestimmt; sie hängen vielmehr auch recht erheblich von der Behandlung ab, die der Werkstoff erfahren hat. Es zeigt also derselbe Stahl verschiedene mechanische Eigenschaften, je nachdem wie er vor der Prüfung behandelt worden ist. Die Erklärung dafür liegt in seiner kristallinen Natur bzw. in der Fähigkeit der Kristallkörner, Form, Größe und Verteilung zu verändern. Indem die Behandlung die Kristalle und damit das Kleingefüge des Stahls ändert, ändert sie seine Eigenschaften. Die Behandlung kann in einer mechanischen Bearbeitung oder in einer Warmbehandlung bestehen oder in beiden zusammen. Es soll hier zunächst kurz der Einfluß der mechanischen Bearbeitung geschildert werden, während die folgenden Kapitel sich eingehender mit der Warmbehandlung beschäftigen werden.

21. Warmverformen. Das Verformen bei höheren Wärmegraden (Rotglut und Weißglut) durch Schmieden, Pressen, Walzen, das sogenannte Warmverformen oder Warmrecken wird von dem Verformen bei etwa Zimmertemperatur dem sogenannten Kaltverformen oder Kaltrecken unterschieden.

× 5

Abb. 22. Stahl mit 0,35 % C: Gußgefüge.

× 5

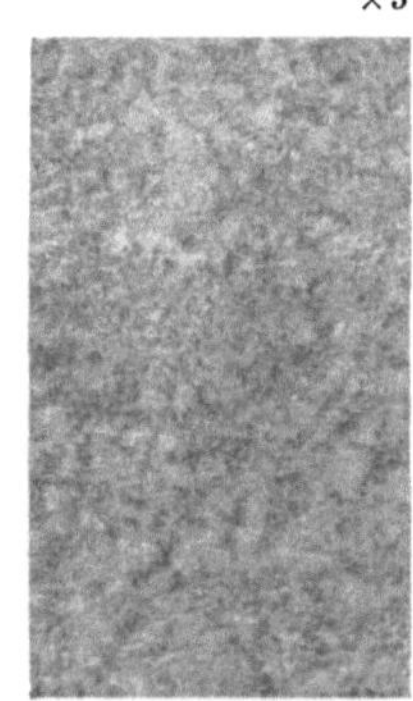

Abb. 23. Stahl von Abb. 22 gewalzt.

Das Warmverformen hat fast durchweg einen günstigen Einfluß. Daher haben die gewalzten und geschmiedeten Stangen und Stücke, die die Maschinenfabrik vom Stahlwerk bezieht, ein feineres Gefüge und höhere Festigkeit, Dehnung und Zähigkeit als der unverarbeitete Stahlblock, wie er im Stahlwerk zunächst gegossen wird. Abb. 22 und 23 zeigen das deutlich an einem Stahl mit 0,35% C: von dem groben Gußgefüge (dendritische Struktur) der Abb. 22 sind nach dem Walzen (Abb. 23) nur noch Spuren zu erkennen. Auch ein Schmieden in der verarbeitenden Werkstatt schadet nichts, kann unter Umständen sogar den Stahl noch weiter verbessern oder kann doch nur dann schaden, besonders hochgekohltem empfindlichen Werkzeugstahl, wenn es unrichtig geschieht.

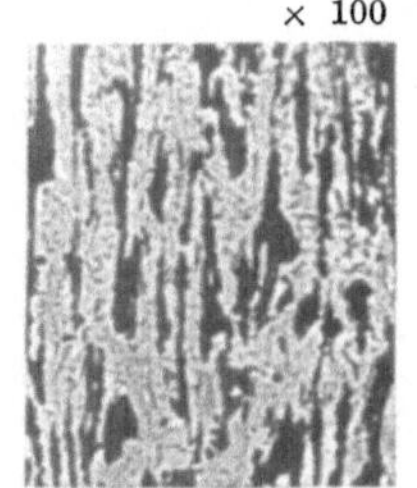

Abb. 24. Weicher Stahl kalt gezogen.

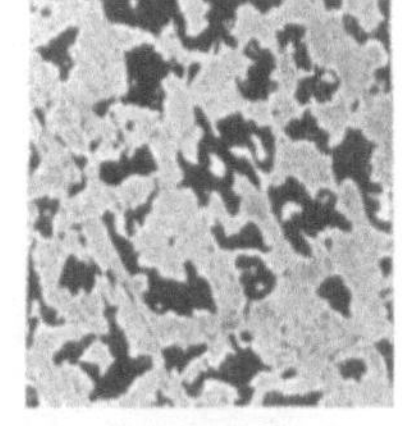

Abb. 25. Weicher Stahl geglüht.

22. Kaltverformen. Es hat gleichfalls einen sehr starken, wenn auch ganz anderen Einfluß: die Kristalle werden entgegen ihrer Gleichgewichtsform in die Länge gereckt, in Richtung der wirksamen Kraft, wobei sogar einzelne Kristalle in zwei oder mehr Teile zerrissen werden können. Abb. 24 zeigt die durch Kaltziehen stark gereckten Kristalle des weichen Stahls (Abb. 25). Der starken Wirkung auf das Gefüge entspricht eine starke Veränderung der mechanischen Eigenschaften. Immer werden Festigkeit, Streckgrenze und Härte durch Kaltverformen erhöht, Dehnung, Einschnürung und Schlagzähigkeit vermindert. Dabei entstehen Spannungen im Gefüge, Eigenspannungen oder innere Spannungen, die so groß werden können, daß sie den Werkstoff fast bis zur Bruchgrenze beanspruchen oder noch darüber hinaus: es entstehen Risse. Hochgekohlter Stahl, also vor allem Werkzeugstahl, verträgt eine Kaltbearbeitung nur in geringem Maße und nur bei genügender Vorsicht.

Kalt verformt wird das Gefüge auch beim Zerspanen durch Drehen, Hobeln, Fräsen usw., und zwar sehr stark im Span selbst (Abb. 26); aber

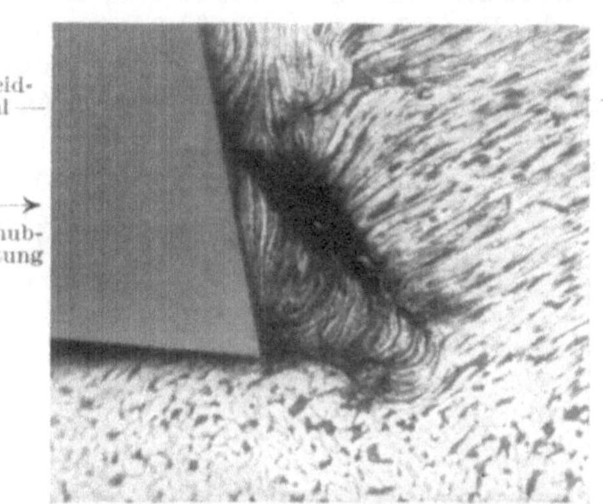

Abb. 26. Kaltverformung beim Zerspanen.

auch die am Werkstück zurückbleibende äußere Schicht — und das ist sehr viel wichtiger — erleidet Gefügeverformungen und besonders bleiben auch Spannungen in ihr zurück.

Die hohe Härte, die mit dem Kaltverformen verbunden ist, ist oft der Grund zu der Kaltbearbeitung, die man dann wohl „Kalthärten" nennt. Beispiele sind: das Aufdornen und Hämmern von Zieheisen, das Dengeln (Hämmern) der Sensen, das Ziehen von „Hartdraht" usw.

V. Glühen des Stahls.

Sehen wir vom Erhitzen zum Warmverformen, besonders zum Schmieden, ab, so kann man zwei Hauptgruppen der Warmbehandlung unterscheiden:

a) Das Glühen mit nachfolgendem langsamen Abkühlen, kurz „Ausglühen" genannt.

b) Das Erhitzen mit nachfolgendem raschen Abkühlen (Abschrecken) zum „Härten" oder „Vergüten", zu dem meistens noch als 2. Teil der Behandlung das sogenannte „Anlassen" gehört. Von dieser Warmbehandlung wird im nächsten Kapitel die Rede sein.

23. Einfluß des Glühens auf das Gefüge. Der manchmal starke Einfluß, den das Glühen auf die Eigenschaften des Stahls hat, erklärt sich aus der Abhängigkeit einmal des Gefüges von der Warmbehandlung und dann der physikalischen und mechanischen Eigenschaften vom Gefügeaufbau.

Es soll hier zunächst der Einfluß des Glühens auf das Gefüge dargestellt werden, und zwar an vier charakteristischen Fällen:

a) **Verfeinern der Gußstruktur.** Wenn die grobe Gußstruktur nicht durch Warmverformen (s. Abb. 22 und 23) verfeinert werden kann, wie z. B. bei Stahlformguß, so kann man eine erhebliche Verfeinerung durch Glühen

×1

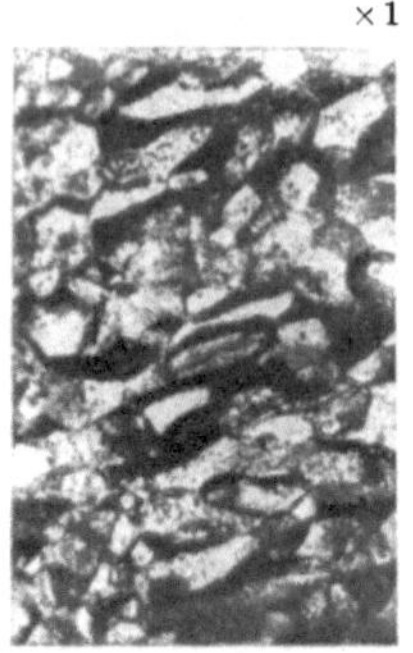

Abb. 27.
Stahlguß, roh.

×1

Abb. 28.
Stahlguß, geglüht.

erzielen. So zeigen Abb. 27 und 28 das Bruchkorn von gegossenem Stahl in natürlicher Größe: Abb. 27 roh, Abb. 28 geglüht.

b) **Rückfeinen von überhitztem Korn.** Wird Stahl zu hoch erhitzt (siehe weiter unten), so wird sein Korn grob (Abb. 29). Durch richtiges Glühen kann das Korn wieder verfeinert werden (Abb. 30).

c) **Rückkristallisieren von kaltverformtem Gefüge.** Die verzerrten Kristallkörner können durch Glühen wieder ihre alte Form und Größe bekommen (Rekristallisation). Es kann also das Gefüge der Abb. 24 wieder in das der Abb. 25 rückverwandelt werden, und zugleich mit der verzerrten Form verschwinden auch die Spannungen wieder, die das Kaltverformen hervorrief.

d) **Umwandlung des streifigen Perlits in körnigen Zementit.** Der streifige Perlit, der bei langsamem Abkühlen von sehr hohen Temperaturen entsteht, kann

×10   ×10

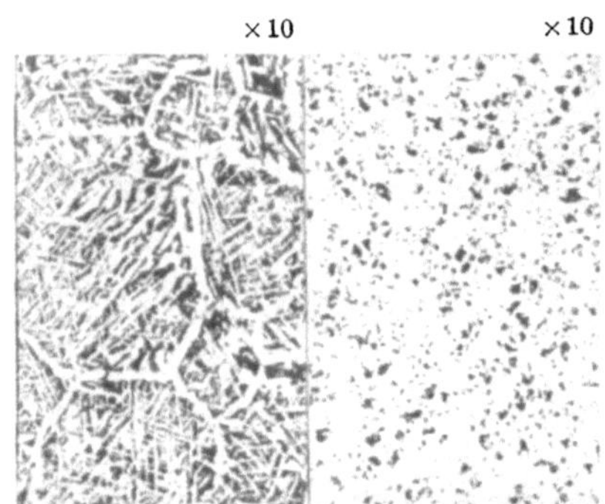

Abb. 29, 30. Stahl mit 0,29 % C überhitzt
(links) und rückgefeint (rechts).

×600

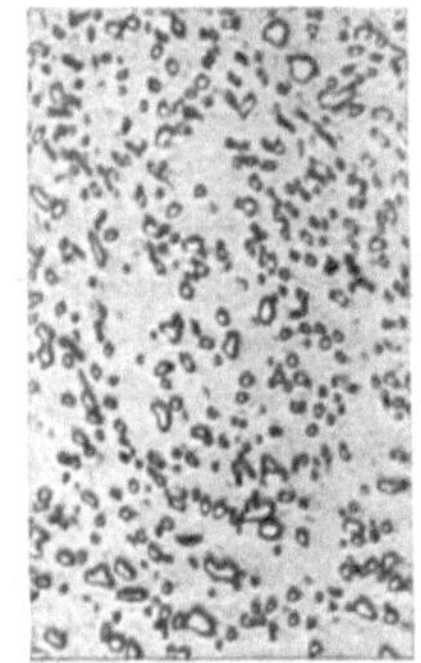

Abb. 31. Körniger Zementit (körniger Perlit).

durch Glühen so umgewandelt werden, daß die Zementitschichten sich zu kleinen kugelförmigen Körnern auflösen. Abb. 31 zeigt körnigen Zementit, auch körniger Perlit genannt, von Stahl mit 0,9% C, der durch Glühen aus dem streifigen Perlit Abb. 11 (S. 15) erhalten wurde. Beide in gleicher (600facher) Vergrößerung. Körniger Zementit gibt dem Stahl von allen Strukturformen die größte Weichheit.

24. Zweck des Glühens. In der verarbeitenden Industrie wird meistens aus den folgenden zwei Gründen geglüht: 1. um die durch Kaltrecken hervorgerufenen Veränderungen: Spannungen, höhere Härte, Festigkeit und Sprödigkeit wieder

zu beseitigen, 2. um die weichste Struktur (den körnigen Zementit) zu erhalten.
Zu 1.: Kaltreck-Erscheinungen treten schon auf, wenn Stahl bei abnehmender
Temperatur gewalzt oder geschmiedet wird, weshalb aller, vom Stahlwerk an-
gelieferte, nicht geglühte Stahl solche Erscheinungen zeigt. In welchem Maße,
das lassen sehr gut die Kurven der Brinellhärte für angelieferten (geschmiedeten)
und geglühten Stahl erkennen (s. Abb. 5, S. 10), die zugleich auch zeigen, daß
der Einfluß des Glühens mit dem Kohlenstoffgehalt wächst. Daß auch vom Drehen,
Fräsen, Hobeln usw., ganz abgesehen vom Ziehen und Richten, Kaltverformungen
und Spannungen im Werkstück zurückbleiben, wurde bereits im vorigen Abschnitt
erwähnt. Sie gefährden, wie alle Kaltreck-Erscheinungen den Stahl beim Härten.
Zu 2.: Das Weichglühen auf körnigen Zementit (Perlit) hat den Zweck, die harten
Zementitschichten zu zerteilen, um dadurch beim Zerspanen (Drehen, Fräsen usw.)
die Schneide des Werkzeuges zu schonen und die nötige Schnittkraft herabzusetzen. Die Brinellhärte des streifigen Perlits ist 200, die des körnigen 157. Jedoch
ist zu bemerken, daß weich geglühter Stahl nicht für jede Art von Bearbeitung
mit Schneidwerkzeugen der geeignetste ist.

Mit Rücksicht auf die weitere Behandlung des Werkstückes lassen sich also
wesentlich zwei Gründe zum Ausglühen unterscheiden; es geschieht:

    1. um den geeignetsten Zustand für Drehen, Fräsen usw. zu bekommen

    2. um den geeignetsten Zustand zum Härten und Vergüten zu bekommen.

25. Richtiges Glühen. Zu beachten sind: Glühtemperatur, Glühzeit, Abkühlzeit. Glühtemperatur: Will man eine völlige Umkristallisation erzielen, muß
man über die obere Umwandlungslinie (Ac_3) gehen. Doch vermeidet man es gern,
wenigstens bei höher gekohltem Stahl, wegen der Gefahr der Überhitzung und
tut es bei sehr hochgekohltem Stahl nur, wenn ein Zementitnetz vorhanden ist,
das aufgebrochen werden soll.

Zum Rückkristallisieren nach dem Kaltrecken und zum Aufheben der Spannungen genügen Temperaturen von 600÷700°.

Die Umwandlung des streifigen in den körnigen Perlit geschieht bei 660÷720°,
also in der Nähe der unteren Umwandlungslinie (Ac_1), wobei man bei sehr hochgekohltem Stahl (Werkzeugstahl) gern unter der Umwandlungslinie bleibt.

Glühzeit: In erster Linie abhängig von den Abmessungen des Werkstückes,
da es bis zum Kern gut durchgewärmt sein und meist noch längere Zeit bei der
Temperatur bleiben muß. Bei Temperaturen unter Ac_1 ist lange Glühzeit günstig
oder doch gefahrlos, bei höherer Temperatur wachsen die Kristalle der festen Lösung
mit der Zeit. Grundsätzlich hat kürzere Glühzeit bei höherer Temperatur
ähnlichen Einfluß wie längere Glühzeit bei niedrigerer Temperatur.

Abkühlzeit: Die Geschwindigkeit, mit der abgekühlt wird, hat erheblichen
Einfluß: schnelle Abkühlung (in Luft) gibt feines Korn, aber auch die Gefahr
von Ungleichheiten und Spannungen. Verzögerte Abkühlung (im Ofen oder
Kasten) ergibt gröberes Korn, aber auch weichsten, spannungslosen Zustand.
Abkühlung unterhalb von Ac_1 hat auf das Korn keinen Einfluß mehr. Vielfach
ist gebrochene Abkühlung üblich: weichere Stähle bis etwa 600° in Luft, damit
Korn fein wird, dann im Ofen, damit spannungslos. Harte Stähle bis etwa 670°
im Ofen, damit sie gut weich und gleichmäßig werden, dann der Einfachheit
halber außerhalb des Ofens völlig abkühlen lassen.

26. Fehler beim Glühen. Fehler entstehen beim Glühen durch zu hohe Temperatur, durch zu lange Glühzeit, durch chemische Veränderung der äußeren
Schicht. Alle Fehler treten um so leichter auf und sind um so schwerwiegender,
je höher der Kohlenstoffgehalt des Stahls ist. Während weichem Stahl so bald

nichts geschieht, kann Werkzeugstahl sehr leicht beschädigt oder ganz verdorben werden.

Zu hohe Temperatur. Geht man über die richtige Temperatur erheblich hinaus, so werden die Kristalle grob und die Zähigkeit des Stahls nimmt stark

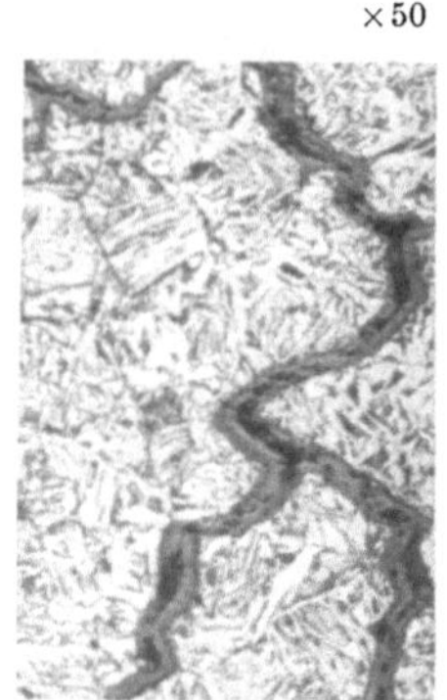

Abb. 32.
Verbranntes Stahlblech.

ab. Derartiger Stahl heißt überhitzt. Überhitzter Stahl läßt sich wieder gesund machen (rückfeinen), wenn man ihn bei richtiger Temperatur ausglüht oder kräftig überschmiedet oder abschreckt und ausglüht (s. Abschnitt 23b und Abb. 29 u. 30). Geht man dagegen beim Glühen bis zum Funkensprühen, also bis zur Gelb- bzw. Weißglut, so werden die Kristalle sehr grob; es verbrennen Kohlenstoff und Eisen oft noch tief unter der Oberfläche, und feste Verbrennungsprodukte lagern sich zwischen den Begrenzungen der Kristallkörner ab (s. die schwarzen Linien in Abb. 32, die verbranntes Stahlblech in 50facher Vergrößerung zeigt). Derartiger Stahl heißt verbrannt. Da der Zusammenhalt der Körner durch die Ablagerungen gelockert ist, so ist verbrannter Stahl mürbe; er kann durch kein Mittel wieder gesund gemacht werden.

Zu langes Glühen. Es ergibt wie das Überhitzen grobes Korn. Derartiger Stahl heißt verglüht; er kann auf die gleiche Weise wie überhitzter wieder rückgefeint werden.

Es muß jedoch darauf aufmerksam gemacht werden, daß Sprödigkeit und grobes Korn einander nicht durchaus bedingen. Es kann ein Stahl spröde sein ohne grobes Korn und grobkörnig ohne Sprödigkeit.

Die chemischen Änderungen, denen aller Stahl beim Glühen ausgesetzt ist, sind bedingt durch die Berührung der glühenden Stahloberfläche mit den Feuergasen,

Abb. 33. Weicher Stahl
mit Oxydschicht.

der atmosphärischen Luft oder anderen chemisch einwirkenden Stoffen, wie Wasserdampf, Salz usw. Die Änderung, die die äußere Schicht des Werkstücks erfährt, besteht hauptsächlich in einem Verzundern des Eisens und einem Entkohlen. Während mit dem Verzundern stets ein Entkohlen verbunden ist, kann ein Entkohlen auch ohne Verzundern eintreten.

Das Verzundern besteht in einem Verbrennen (Oxydieren) des Eisens, d. i. in einer Verbindung des Eisens (Fe) mit Sauerstoff (O) zu Eisenoxydul (FeO), Eisenoxyd (Fe_2O_3), Eisenoxyduloxyd (Fe_3O_4) und Gemischen dieser Verbindungen, die alle feste Körper sind. Abb. 33 zeigt den verzunderten und auch entkohlten Rand von weichem Stahl in 150facher Vergrößerung. Der Sauerstoff zum Verzundern kann aus den Feuergasen stammen („oxydierende Abgase") oder aus der Luft, die besonders stark zundert, wenn sie feucht ist. Sehr stark zundern auch manche Salzbäder (s. 2. Teil), besonders Natrium-Nitrat (NO_3Na) und auch -Nitrit (NO_2Na). Völlig verzundertes Eisen, Glühspan oder Hammerschlag genannt, ist spröde und muß vor der weiteren Verarbeitung oder Verwendung der Werkstücke entfernt werden.

Das Entkohlen besteht in einem Vergasen von Kohlenstoff durch Wasserstoff (H) oder Sauerstoff (O). Abb. 34 zeigt die entkohlte Schicht eines hochgekohlten Stahls, die aus reinem Eisen (Ferritkristalle) besteht. Besonders stark kann die sogenannte „reduzierende Ofenatmosphäre" entkohlen, da sie Wasserstoff (H) enthält. Sie wird im Ofen erzeugt, indem man das Gas mit weniger Luft mischt als zur vollkommenen Verbrennung nötig ist; sie wird verwendet, weil sie keinen freien Sauerstoff enthält und deshalb nicht zundert. Sehr stark entkohlen auch oxydierende Abgase und atmosphärische Luft, besonders feuchte, die beide ja auch stark zundern. Die Entkohlung ist bei niedriger Temperatur (etwa bis 700°) sehr gering oder gar null; sie wächst mit zunehmender Temperatur und ebenso mit dem Kohlenstoffgehalt des Stahls. Dagegen entkohlt nicht: Glühen in Graugußspänen, in Stickstoff (N) oder Kohlenoxyd (CO); auch eine Zunderschicht kann vor Entkohlen schützen. Die entkohlte Schicht „Eisenhaut" oder auch einfach „Haut" oder „Schicht" genannt, fehlt an den vom Stahlwerk gelieferten Stangen und Stücken selten, doch ist sie zuweilen, wie z. B. bei blank gezogenen Stangen, nur wenige Hundertstel Millimeter stark.

Wie man in der verarbeitenden Werkstatt ein Verzundern und Entkohlen zu vermeiden sucht, durch Ofenkonstruktionen wie besondere Maßnahmen, davon wird im 2. Teil zu sprechen sein.

Durch Zuführen von Kohlenstoff (Zementieren) kann die Eisenhaut wieder in Stahl verwandelt werden, wenn es auch nicht möglich ist, ihr wieder genau die alten Eigenschaften zu geben (s. Kapitel VIII). Der Hauptnachteil der Eisenhaut ist es, daß sie beim Abschrecken nicht mithärtet, so daß also dann „glashart" gehärtete Teile außen eine, wenn auch nur dünne, weiche Schicht haben (die nicht immer einfach fortgeschliffen werden kann).

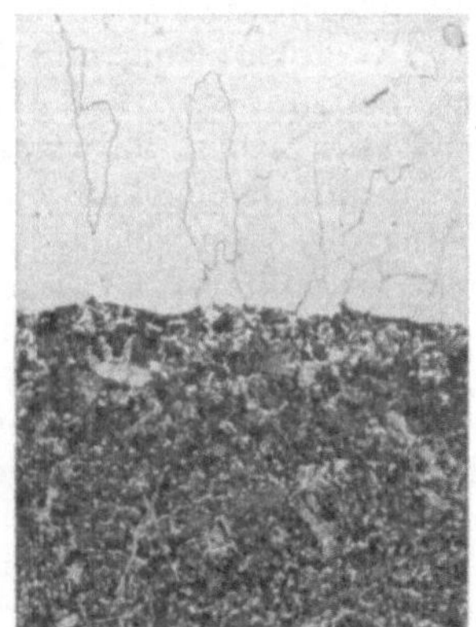

Abb. 34. Stahl (1,2 % C) mit entkohlter Schicht.

Weiter können Schädigungen des Glühguts eintreten, wenn die Brennstoffe bzw. die Verbrennungsgase Schwefel enthalten. Der kann in die Oberfläche des glühenden Stahls eindringen und dort größere oder kleinere, an Schwefel reiche Stellen bilden, die besonders für hochgekohlten Stahl bei nachfolgendem Abschrecken schädlich sind. Ein Abschließen von den Heizgasen beim Glühen verhindert sicher derartige Beschädigung.

VI. Härten und Vergüten.

A. Bedeutung und Einfluß auf die mechanischen Gütewerte.

27. Begriffsbestimmung. Eine Begriffsbestimmung, die sowohl wissenschaftlich haltbar wie auch dem Sprachgebrauch der Werkstatt angepaßt und zweckmäßig ist, ist nicht leicht zu geben. Der Werkstoffausschuß des Vereins deutscher Eisenhüttenleute hat folgendes festgelegt:

Härten: Abkühlen[1] von Stahl aus Temperaturen über A_1 (meist über A_3) mit solcher Geschwindigkeit, daß Härtung durch Martensitbildung eintritt.

Anlassen: Erwärmen nach vorausgegangener Härtung durch Wärmebehand

---

[1] mit Rücksicht auf die lufthärtenden Stähle nicht abschrecken!

lung oder Kaltverformung auf eine Temperatur unterhalb Ac_1 mit nachfolgender Abkühlung.

Vergüten: Vereinigung von Härten und nachfolgendem Anlassen auf so hohe Temperaturen, daß eine wesentliche Steigerung der Zähigkeit eintritt.

Andererseits spricht man aber in der Werkstatt auch vielfach vom Härten im Gegensatz zum Vergüten und beschränkt dann das Härten auf Werkzeugstahl bzw. auf Stahl, der beim Abschrecken glashart wird. Das Anlassen auf niedrige Temperaturen wird mit unter das Härten gerechnet, da es ja die Härte nicht wesentlich verringern soll. Vom Vergüten spricht man dann vorwiegend bei niedriger gekohltem Stahl (Baustahl), der überhaupt keine Glashärte annimmt. Ein eigentlicher Gegensatz zwischen diesem Sprachgebrauch und der obigen Begriffsbestimmung besteht nicht; nur dürfte man, wenn man das Härten auf Werkzeugstahl usw. beschränkte, das Abschrecken beim Vergüten nicht Härten nennen. Das wäre aber schon darum nicht befriedigend, weil eine scharfe Grenze zwischen niedrig und hochgekohltem Stahl ja nicht zu ziehen ist.

Im folgenden sollen die Begriffe jedenfalls so gebraucht werden, daß der Leser nicht im unklaren ist, was gemeint ist.

28. Sinn des Härtens und Vergütens. Die Glashärte, die man durch Härten von hochgekohltem Stahl ($0,7 \div 1,5\%$ C) erhält, ist unentbehrlich, wenn man größte Widerstandsfähigkeit gegen Verschleiß braucht. Deshalb werden vor allem die Schneiden der Schneidwerkzeuge (Schneidstähle, Bohrer, Fräser usw.) aus hartem Stahl glashart gehärtet, um sie möglichst schnittfähig und schnitthaltig zu machen. Ebenso gehärtet werden die Meßstellen von Feinmeßwerkzeugen (Kaliber, Schraublehren, Formlehren usw.), um jeder Abnutzung möglichst vorzubeugen; und weiter kleine Teile, wie Stifte, Dorne, Scheiben, Kugeln, Laufringe usw. Von größeren Konstruktionsteilen härtet man glashart meist nur einzelne Stellen, wie Lagerzapfen von Achsen und Spindeln, Nocken von Wellen, Zähne von Zahnrädern usw., die man vorher aufgekohlt (zementiert) hat.

Vergütet werden hauptsächlich Baustähle mit Kohlenstoffgehalt von $0,2 \div 0,6\%$, um dem Werkstoff höhere Festigkeit, Streckgrenze und Schlagzähigkeit zu geben.

Höhere Festigkeit oder Streckgrenze allein könnte man ohne Warmbehandlung einfach durch einen Stahl mit etwas höherem C-Gehalt haben; demgegenüber hat das Vergüten des weicheren Stahls folgende Vorzüge:

1. Der vergütete Stahl ist gegen Schlag und Stoß widerstandsfähiger. Bei gleicher Festigkeit kann er wegen der höheren Streckgrenze auch ruhend höher beansprucht werden.

2. Der vergütete Stahl ist gleichmäßiger und leichter bearbeitbar. Stahl, der von Natur, d. h. ohne Warmbehandlung, recht fest und hart ist, ist schwer zu bearbeiten und sehr ungleichmäßig: in derselben Stange können die Gütewerte bis zu 50% schwanken.

3. Alle Fehler, die durch falsche Warmbehandlung bei der Verarbeitung (Walzen, Schmieden, Glühen) entstanden sind, werden beim Vergüten beseitigt.

4. Man kann durch verschiedene Art der Behandlung beim Vergüten, wie wir noch sehen werden, demselben Stahl recht verschiedene Eigenschaften geben, die man dem Verwendungszweck bequem anpassen kann.

Als Nachteil des Vergütens sind demgegenüber die nicht geringen Kosten der Warmbehandlung anzuführen. Auch fehlen heute noch manchen Werkstätten die Einrichtungen zum sachgemäßen Vergüten. Vor allem aber dringt bei Kohlenstoffstählen die Wirkung des Vergütens in starke Querschnitte nicht tief ein; es werden deshalb hauptsächlich legierte Stähle vergütet (s. Abschnitt 54 u. 55). Vorgeschmiedete, vergütete Teile aus legiertem Stahl können vielfach von den Stahlwerken bezogen werden.

29. Einfluß des Abschreckens auf die mechanischen Gütewerte. Der Einfluß des Abschreckens ist sehr erheblich, hängt aber, richtige Erhitzung (über Ac_3 oder doch Ac_1) vorausgesetzt, stark von der Geschwindigkeit des Abschreckens ab, d. h. von der Zeit, die gebraucht wird, um das Stück von der Glühtemperatur bis auf etwa 200° abzukühlen. Diese Zeit wird bei demselben Stahl von der Natur des Abschreckmittels und von den Abmessungen des Stückes bestimmt. Von den Abschreckmitteln kühlt Wasser am schnellsten, wirkt also am schroffsten, während Öl viel milder wirkt und Luft am mildesten.

Dazwischen gibt es Mittel für jede erwünschte Abschreckgeschwindigkeit. (Näheres hierüber s. im 2. Teil). Die Abmessungen fördern das Abschrecken um so mehr, je kleiner sie sind und besonders je größer die Oberfläche im Verhältnis zum Volumen ist. Bei starken Stücken kühlen die äußeren Schichten erheblich rascher ab als die inneren, weshalb auch die Abschreckwirkung außen größer ist als innen, d. h. sie nimmt von außen nach innen allmählich ab. Die Folge davon ist eine Verschiedenheit der mechanischen Eigenschaften sowohl in den Schichten eines Querschnittes wie auch im Mittel der verschieden großen Querschnitte.

Der Einfluß auf die einzelnen mechanischen Eigenschaften ist grundsätzlich folgender:

Die Festigkeit wächst beim schroffen Abschrecken stark an. Genaue Angaben über die Zunahme der Festigkeit zu machen, ist schwierig, wenn nicht gar unmöglich, da die Zunahme von der Form und Größe

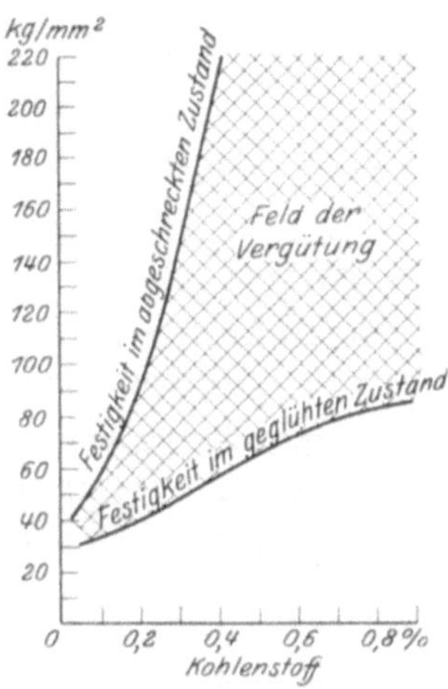

Abb. 35. Steigerung der Festigkeit durch Abschrecken.

des Stückes abhängt, von der Vorbehandlung, von unvermeidlichen Verschiedenheiten beim Abschrecken, von der Art, wie das Stück in die Prüfmaschine eingespannt wird usw. Das gilt vor allem für die hochgekohlten Stähle, in denen durch das Abschrecken auch noch starke innere Spannungen entstehen, so daß trotz hoher Festigkeit schon eine geringe Belastung den Bruch herbeiführen kann und dadurch die Festigkeit viel niedriger erscheint, als sie tatsächlich ist. Sie wird daher bei ganz hohen Werten nicht unmittelbar bestimmt, sondern aus der Brinellhärte errechnet. Jedenfalls gelten die hier unten und später angegebenen Werte streng genommen nur für die besonderen Bedingungen, unter denen der betreffende Versuch durchgeführt wurde.

Durch schroffes Abschrecken kann die Festigkeit auf über das Dreifache ihres ursprünglichen Wertes anwachsen. Was äußerst, allerdings nur in dünnen Querschnitten, für die niedriger gekohlten Stähle zu erreichen ist, darüber gibt Abb. 35 einen Überblick. Bei stärkeren Konstruk-

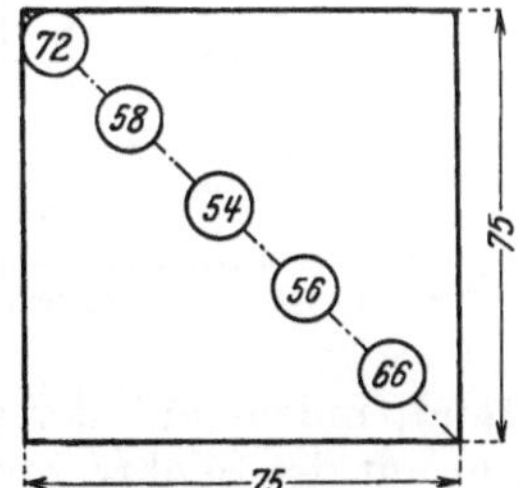

Abb. 36. Streckgrenze nach dem Abschrecken.

tionsteilen wird die Festigkeit kaum über das $1^1/_2$- bis 2fache zu steigern sein.

Die Streckgrenze verhält sich ähnlich wie die Festigkeit, nur daß sie meist verhältnismäßig noch mehr erhöht wird.

Es ist oben bereits darauf hingewiesen worden, daß die Wirkung des Abschreckens bei dicken Werkstücken nicht gleichmäßig durch den Querschnitt durchgeht, daß sie vielmehr in der äußersten Schicht am stärksten ist und nach innen zu ziemlich gleichmäßig abnimmt. Abb. 36 zeigt dieses Verhalten an einem

Querschnitt von 75×75 mm. Während vorher die Streckgrenze an allen Stellen des Querschnittes genau 40 kg/mm² betrug, war sie nach dem Abschrecken außen 72 und nahm nach innen allmählich bis auf 54 ab. In Abb. 36 geben die Kreise die Stellen an, an denen die Streckgrenze geprüft, die eingeschriebenen Zahlen die Größe der Streckgrenze, die ermittelt wurde.

Tabelle 2. Einfluß der Abschreckgeschwindigkeit auf Festigkeit und Dehnung.

Kohlenstoffgehalt des Stahles	Vorbehandlung					
	ausgeglüht		abgeschreckt in Wasser		abgeschreckt in Öl	
	Festigkeit	Dehnung	Festigkeit	Dehnung	Festigkeit	Dehnung
%	kg/mm²	%	kg/mm²	%	kg/mm²	%
0,1	35	34,5	52	16,7	42	25
0,5	52	26	92	0,7	68,5	8,5
0,7	66,5	19	132	5,3	97	9,5

Die Dehnung nimmt durch das Abschrecken stark ab. Bei den weichsten Stahlsorten fällt sie schon auf etwa die Hälfte, also z. B. von 34% auf ungefähr 15 bis 17%; bei den kohlenstoffreicheren Sorten nimmt sie noch mehr ab und kann z. B. bei 0,4% C schon fast 0 werden. Das gleiche gilt für die Einschnürung.

Weniger stark ist der Einfluß beim Abschrecken in Öl oder anderen milder als Wasser wirkenden Flüssigkeiten, d. h. wenn die Wärme langsamer entzogen wird, also die Abkühlungsgeschwindigkeit geringer ist. In Tabelle 2 sind für drei Stähle die Ergebnisse von Zerreißversuchen mit Stäben von 20 mm Durchmesser zusammengestellt, um den Einfluß verschiedener Abkühlung zu zeigen. Man sieht, daß in allen drei Fällen die Abnahme der Dehnung und die Zunahme der Festigkeit beim Abkühlen in Öl wesentlich geringer ist als beim Abkühlen in Wasser.

Die Härte nimmt durch schroffes Abschrecken stark zu, die Brinellhärte z. B. etwa 100% bei den weichsten Sorten, bis über 200% bei den härteren. Abb. 37 stellt die Brinellhärte für Stahl jeden Kohlenstoffgehalts dar, in Kurve a im ausgeglühten, in Kurve c im abgeschreckten Zustand, indem auf der waagerechten Achse der Kohlenstoffgehalt aufgetragen ist und auf der Senkrechten die Brinellhärte. Man erkennt aus den Kurven, daß die Härte durch das Abschrecken zunächst sehr schnell, dann langsamer wächst und von 0,9% C an nur noch wenig zunimmt.

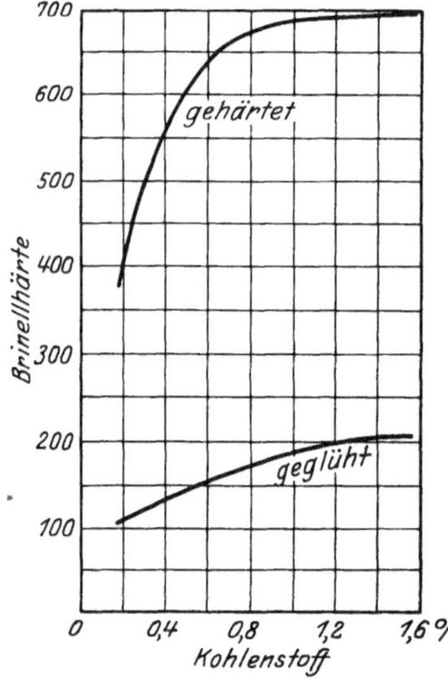

Abb. 37. Brinellhärte von geglühtem und abgeschrecktem (gehärtetem) Stahl.

Die Werte der Abb. 37 beziehen sich auf die Härte, wie sie bei schroffem Abschrecken an der Oberfläche entsteht. Bei starken Querschnitten nimmt natürlich auch die Härte nach innen zu ab. Der innere Teil, der Kern, ist daher auch bei härtestem Stahl nach schroffstem Abschrecken niemals glashart. Abb. 38 zeigt den Querschnitt eines abgeschreckten Stahls mit 1,3% C in 1,5facher Vergrößerung. Der helle Streifen außen ist die glasharte Schicht. Die Härte ist mit dem Skleroskop an drei Stellen gemessen; sie beträgt innen bei c: 51, bei b: 62, bei a: 88, am äußersten Rand ist sie über 100 hoch.

30. Einfluß der Abschrecktemperatur. Es wurde bislang richtige Erhitzung vorausgesetzt, d. h. angenommen, daß die Temperatur, von der abgeschreckt wurde, die höchste Härte und Festigkeit ergab. Wo bei den einzelnen Stählen diese Temperatur liegt, davon wird im nächsten Abschnitt die Rede sein. In allen Fällen liegt sie über 720° (über Ac_1) und bei den niedriger gekohlten (untereutektoiden) Stählen um so höher, je niedriger der Kohlenstoffgehalt ist (über Ac_3). Hier soll zunächst gezeigt werden, welchen Einfluß abweichende Temperaturen haben: jede größere Abweichung von der günstigsten Temperatur hat Verminderung der erzielten Härte oder Festigkeit zur Folge. Liegt die Temperatur erheblich unter der günstigsten, so wachsen Härte und Festigkeit durch das Abschrecken bedeutend weniger. Auch ein Überschreiten der günstigsten Temperatur vermindert die Zunahme der Härte und Festigkeit um so mehr, je weiter sich die Temperatur von der günstigsten entfernt.

Abb. 39 stellt den Einfluß verschiedener Abschrecktemperaturen auf die Festigkeit eines Stahls mit 0,27% C dar, indem auf der waagerechten Achse die Temperaturen, auf der senkrechten die Festigkeitswerte aufgetragen sind. Die Kurve zeigt, daß

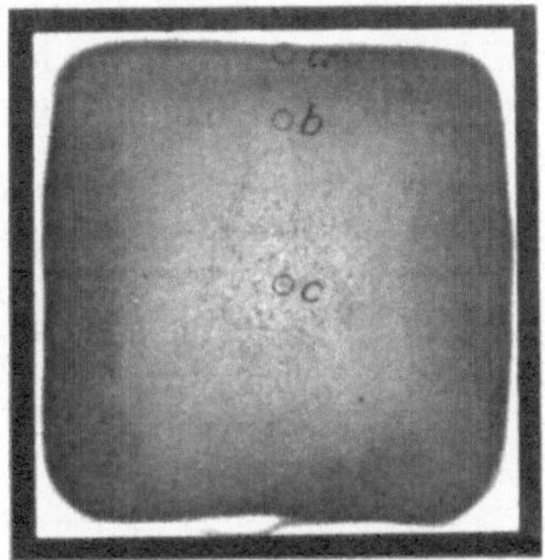

Abb. 38. Querschnitt von abgeschrecktem Stahl mit 1,3 % C.

für diesen Stahl die günstigste Temperatur bei ungefähr 800° liegt. Abb. 40 stellt den Einfluß verschiedener Abschrecktemperaturen auf die Skleroskophärte von Werkzeugstahl dar, und zwar an einem Stahl mit 1,4% C und einem mit 1% C, indem auf der Waagerechten die Abschrecktemperatur und auf der Senkrechten die Skleroskophärte aufgetragen ist. Man erkennt, daß die günstigste Härtetemperatur, die der höchsten Härte ent-

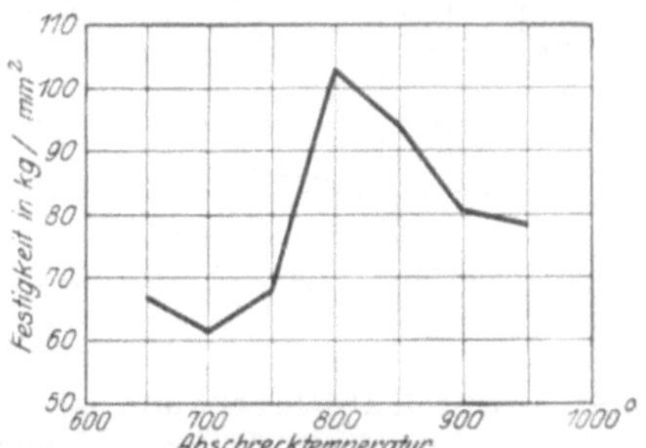

Abb. 39. Abhängigkeit der Festigkeit von der Abschrecktemperatur.

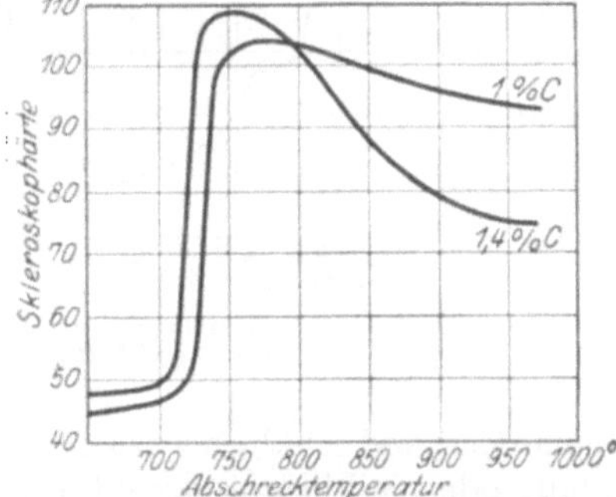

Abb. 40. Abhängigkeit der Härte von der Abschrecktemperatur.

spricht, bei etwa 740° bzw. 770° liegt, daß schon bei etwa 20° weniger die Härte viel geringer ist und daß sie auch beim Überschreiten der günstigsten Temperatur stark abnimmt, bei dem hochgekohlten Stahl rascher als bei dem niedriger gekohlten.

Der Einfluß der Abschrecktemperatur auf die Dehnung und Zähigkeit ist erheblich anders als der auf die Festigkeit und Härte. Bei der günstigsten Abschrecktemperatur nehmen Dehnung und Zähigkeit stark ab und nehmen noch mehr ab, wenn man über die günstigste Temperatur hinausgeht; ein verbrannter Stahl ist auch nach dem Abschrecken mürbe. Dagegen nehmen Dehnung und Zähigkeit weniger ab, wenn der Stahl erheblich unter der günstigsten Temperatur abgeschreckt wird.

31. Allgemeiner Einfluß des Anlassens. Fast immer folgt dem Abschrecken ein
Wiedererwärmen, „Anlassen" genannt, um die durch das Abschrecken erzeugte
Sprödigkeit und Starrheit zu mildern und damit auch den inneren Spannungen
die Möglichkeit zu geben, sich auszugleichen; ferner um größere Dehnung und Zähig-
keit zu bekommen. Alles das ist nur möglich auf Kosten der Härte bzw. Festigkeit.
Denn im großen und ganzen nehmen steigend mit der Temperatur des Anlassens
Dehnung und Zähigkeit zu, Härte und Festigkeit ab; jedoch ist der Verlauf durch-
aus nicht gleichmäßig, wie wir unten noch sehen werden.

Auch die Anlaßzeit hat nicht geringen Einfluß: die Wirkung steigt mit der
Anlaßzeit bis zu einer gewissen Grenze. Innerhalb dieser Grenze kommt ein
kurzes Anlassen bei höherer Temperatur einem längeren Anlassen bei niedrigerer
Temperatur in seiner Wirkung mehr oder weniger gleich. So erhielt ein Stahlstück
ungefähr denselben Anlaßzustand, wenn es eine Minute lang bei 266° angelassen
wurde oder 10 Stunden bei 150°. Tabelle 3 zeigt den Einfluß der Zeit an einem

Tabelle 3. Einfluß der Anlaßdauer auf
abgeschreckten Stahl mit 0,54% C.

Anlaßdauer in Stunden	$^1/_2$	2
Zugfestigkeit in kg/mm² ..	93,2	92,6
Dehnung in %	16	20
Schlagzähigkeit in mkg/cm²	9,4	11,1

Stahl von 0,54% C und 2% Mangan, der von 820° in Öl abgeschreckt und dann
bis 640° angelassen wurde, zuerst $^1/_2$ Stunde lang, dann 2 Stunden.

Der Einfluß des Anlassens ist auch abhängig von der Art des Stahles und dem
vorhergegangenen Abschrecken: die Anlaßwirkung ist im allgemeinen um so
stärker, je höher der Kohlenstoffgehalt ist und je schroffer abgeschreckt wurde;
daher hängt es von diesen Umständen ab, wie angelassen werden muß, um einen
bestimmten Zustand zu erreichen. So kann z. B. bei demselben Stahl fast der

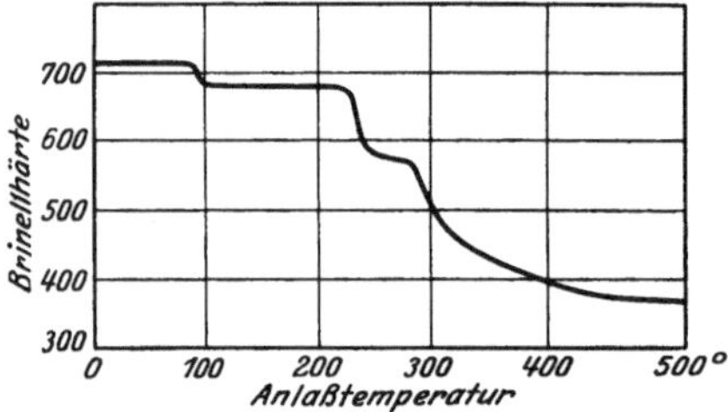

Abb. 41. Einfluß der Anlaßtemperatur auf
die Härte von Stahl mit 0,97 % C.

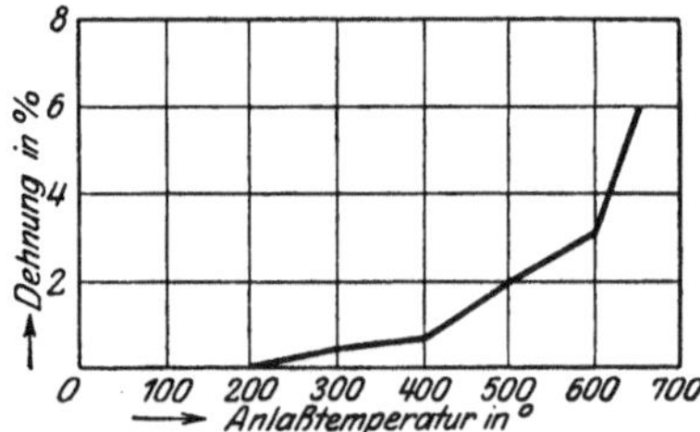

Abb. 42. Einfluß der Anlaßtemperatur auf
die Dehnung.

gleiche Zustand erhalten werden, wenn man den Stahl schroff abschreckt und darauf
anläßt oder milde abschreckt und nicht anläßt. Das zeigte ein Federstahl mit
0,9% C, der fast die gleiche Elastizitätsgrenze erreichte, wenn man ihn von 785°
in Öl abschreckte und nicht anließ und wenn man ihn von 770° in Wasser abschreckte
und dann bei 540° anließ.

Man sieht hieraus, auf welch außerordentlich verschiedenen Wegen man zu
ungefähr demselben Ziel kommen kann.

32. Anlassen von hochgekohltem Stahl (Werkzeugstahl). Die Änderung der
wichtigsten Eigenschaft der gehärteten Werkzeugstähle, der Glashärte, beim Anlassen ist in Abb. 41 dargestellt für einen Stahl mit 0,97% C, der in Wasser abgeschreckt wurde. Auf der Waagerechten sind die Anlaßtemperaturen aufgetragen
und senkrecht darüber für jede Temperatur die Brinellhärte. Man erkennt aus der
Kurve, daß die Härte sich nicht stetig, sondern sprungweise ändert, daß sie bis
etwas über 200° nur wenig abnimmt, dann stark abfällt, wieder wenig und noch-

mals stärker, um schließlich allmählich abzusinken. Das ist der Grund, weshalb man Werkzeugstahl, wenn er noch Glashärte behalten soll, nicht wesentlich über 200° anlassen darf und daß man noch erheblich darunter bleibt, wenn höchste Härte, doch keine Zähigkeit verlangt wird. Umgekehrt wächst die Dehnung, wie Abb. 42 zeigt, von etwa 200° an schon meßbar und steigt dann ziemlich stetig bis zum Höchstbetrag. Größere Zähigkeit kann also stets nur auf Kosten der Härte erreicht werden. Wie weit man die eine Eigenschaft auf Kosten der anderen erhöhen kann, hängt von dem Verwendungszweck des Werkstückes ab.

33. Anlassen von niedrig gekohltem Stahl (Baustahl). Im Gegensatz zu Werkzeugstahl läßt man Baustahl meist recht hoch an, zuweilen bis über 700°, da viele Stähle erst bei den hohen Temperaturen ihre größte Zähigkeit bekommen.

Die Anlaßtemperatur muß sich natürlich stets nach der Änderung der mechanischen Eigenschaften durch das Anlassen richten. Diese Änderung ist etwas genauer betrachtet folgende:

Festigkeit und Streckgrenze nehmen mit der Temperatur meist ab, jedoch nicht gleichmäßig, vielmehr zeigt sich manchmal bei 200 ÷ 300° ein Höchstwert und häufiger bei 600 ÷ 700° ein Tiefstwert, von dem die Werte dann stark ansteigen. Die Dehnung steigt meist einigermaßen stetig an, hat aber manchmal auch bei höheren Temperaturen einen Höchstwert, von dem sie bei weiterem Steigen der Temperatur heruntergeht. Die Schlagzähigkeit hat fast immer zwischen 600° und 700° einen Höchstwert. Die Härte nimmt meistens langsam ab, im ganzen nicht sehr viel, da sie bei den niedrig gekohlten Stählen durch das Abschrecken von vornherein nicht stark steigt.

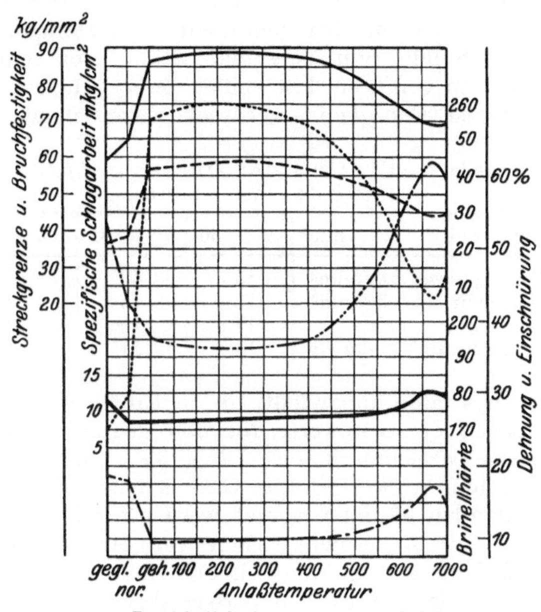

—————— : Bruchfestigkeit   —·—·—·— : Dehnung
- - - - - - - - - : Streckgrenze   —··—··— : Einschnürung
· · · · · · · · · : Brinellhärte   —————— : spez. Schlagarbeit

Abb. 43. Einfluß der Anlaßtemperatur auf die Gütewerte eines Stahls mit 0,45 % C.

Der Einfluß des Anlassens ist auch bei Konstruktionsstählen um so größer, je höher der Kohlenstoffgehalt des Stahles ist und je schroffer der Stahl abgeschreckt wurde. Abb. 43 zeigt für einen Stahl mit etwa 0,45% C, der von 860° in Öl abgeschreckt und bei 700° angelassen wurde, die Gütewerte der Festigkeit und Streckgrenze, der Dehnung und Einschnürung, der Brinellhärte und spezifischen Schlagarbeit. Die senkrechten Achsen tragen links die Maßstäbe für die Streckgrenze und Bruchfestigkeit (kg/mm²) und die spezifische Schlagarbeit (mkg/cm²), rechts für die Dehnung und Einschnürung (%) und die Brinellhärte in Brinelleinheiten. Auf der waagerechten Achse sind die Anlaßtemperaturen (°) aufgetragen und vorher Raum gelassen für den geglühten (gegl.), normalisierten (nor.) und gehärteten (geh.), d. i. abgeschreckten und nicht angelassenen, Zustand.

34. Stähle zum Härten (Werkzeugstähle, unlegiert). Es werden nur Stähle mit hohem C-Gehalt über 0,5%, meist über 0,6%, verwendet. Während man für gröbere

Werkzeuge, wie Hämmer, Meißel, Döpper, große Feilen usw. und besonders für grobe Werkzeuge außerhalb des eigentlichen Maschinenbaues (Landwirtschaft, Wagenbau usw.) gewöhnlichen Stahl benutzt, nimmt man für die hoch beanspruchten und genauen Werkzeuge im Maschinenbau nur Edelstahl.

Die Stahlwerke liefern die unleg. Werkzeugstähle in 2 bis 3 Gütegraden und 4 bis 6 Härtegraden. Der Gütegrad hängt von der chemischen und mechanischen Reinheit, der Gleichmäßigkeit und dem Gefügezustand ab, herrührend von der Art und Sorgfalt der Erschmelzung, Verarbeitung und Auswahl. Der Härtegrad wird hauptsächlich vom C-Gehalt ($0,5 \div 1,5\%$) bestimmt, doch auch vom Mangan-Gehalt. Bei höherem Mangan-Gehalt ($0,4 \div 0,8\%$), der meist nur bei den geringeren Gütegraden vorkommt, kann für denselben Härtegrad der C-Gehalt etwas geringer sein als bei dem niedrigeren Mangan-Gehalt ($0,15$ bis $0,30\%$).

35. Stähle zum Vergüten. Stähle mit sehr geringem C-Gehalt (etwa unter $0,2\%$) zu vergüten, hat keinen Zweck, da der Einfluß der Warmbehandlung nur gering ist (Festigkeit und Streckgrenze nehmen durch das Abschrecken nicht stark zu). Ferner ist ein höherer als normaler Reinheitsgrad erwünscht, damit beim Glühen keine starke Kornvergröberung und beim Abschrecken kein Reißen eintritt.

Deshalb hat der Werkstoffausschuß des DNA in DIN 1661 besondere Vorschriften für Vergütungsstähle aufgestellt, die in Tabelle 6 (S. 44) wiedergegeben sind. Sie enthält zugleich die Gütewerte für den geglühten und vergüteten Zustand. Bei der Markenbezeichnung weist C 25, C 35 ... usw. auf den mittleren Gehalt an Kohlenstoff hin in % $\cdot 100$, d. h. C 25 bedeutet: $0,25\%$ C usw. Daß unlegierte Stähle nicht allzu häufig vergütet werden, weil die Wirkung in starken Querschnitten (über etwa $40\,\varnothing$) nicht bis zum Kern dringt, wurde bereits in Abschnitt 28 erwähnt.

Tabelle 4 zeigt deutlich den Einfluß des Querschnittes bei einem Stahl mit $0,3\%$ C, der von $870°$ in Wasser abgeschreckt und dann 3 Stunden auf $460 \div 480°$ angelassen wurde. Am stärksten ist der Einfluß auf die Kerbzähigkeit, die beim Querschnitt 160×160 nur etwa $1/_2$ so groß ist wie bei 30×30.

Tabelle 4. Einfluß der Querschnittgröße auf das Vergüten.

Querschnitt .... mm²	30 × 30	70 × 70	160 × 160
Streckgrenze... kg/mm²	53	49	46
Festigkeit ..... kg/mm²	75	73	72
Dehnung ...... %	17,7	19	16
Kerbzähigkeit.. mkg/cm²	15,5	11	8,6

B. Änderungen im Gefügeaufbau durch rasches Abkühlen und Anlassen.

Die starken Änderungen der Festigkeitseigenschaften durch Abschrecken und Anlassen finden ihr Gegenspiel und ihre Ursache in den nicht geringeren Änderungen des Gefügeaufbaues.

Das Ziel der Gefügeänderung ist ein möglichst feines, „verfilztes" Gefüge für das Vergüten und ein möglichst strukturloses für das Härten. Denn, da die Widerstandsfähigkeit im Kristallkorn weniger groß ist als der Zusammenhalt zwischen den Körnern, so sind im allgemeinen die Festigkeitseigenschaften um so günstiger (abgesehen von der Verformbarkeit), je feiner das Korn ist. Warum nun durch Abschrecken und Anlassen die Gefügeverfeinerung erzielt wird, das soll im folgenden näher auseinandergesetzt werden. Das Studium der Gefügeänderungen gibt uns erst tiefere Einsicht in die Vorgänge beim Härten und Vergüten und so die Möglichkeit, sie zu leiten und zu kontrollieren.

36. Gefügegleichgewicht. Der Aufbau des Stahlgefüges aus Perlit, Ferrit und

Zementit stellt einen Gleichgewichtszustand dar, d. h. jeder dieser Gefügebestandteile ist beständig, keiner hat die Neigung, sich im Laufe der Zeit, auch nicht bei Erwärmung (es sei denn über die untere Umwandlungslinie) umzuwandeln. Das gleiche gilt für den Austenit in seinem bis zu 720° herunter reichenden Bestandsgebiet. Aus ihm gehen bei der Abkühlung Ferrit, Zementit und Perlit hervor. Aber nur unter einer Bedingung (die wir bislang stillschweigend als erfüllt angenommen haben), daß die Abkühlung so langsam fortschreitet, daß in jedem Augenblick, d. h. bei jeder Temperatur bis zu wenigstens 720°, das Gefügegleichgewicht sich einstellen, also auch jede Umwandlung sich zur richtigen Zeit abspielen kann. Ist diese Zeit nicht vorhanden, weil wir schneller abkühlen, so geschieht zweierlei: erstens sinken die Umwandlungspunkte zu tieferen Temperaturen hinab, um so tiefer, je schneller abgekühlt wird, und zweitens bilden sich bei diesen tieferen Umwandlungstemperaturen nicht mehr die beständigen Gefügebestandteile (Perlit usw.), sondern um so weniger beständige, je tiefer die Umwandlungstemperatur, je schneller die Abkühlung ist.

37. Gefüge nach schroffem Abschrecken. Betrachten wir zunächst den der langsamen Abkühlung mit Gefügegleichgewicht entgegengesetzten Fall: das schroffe Abschrecken. Beim schroffen Abschrecken werden die beiden normalen Umwandlungen (Ar_1 und Ar_3) ganz unterdrückt, dafür zeigt sich eine Umwandlung bei etwa 300°, bei der nun aber die feste Lösung (Austenit) nicht zerfällt, sondern bei der sich nur das γ-Eisen der festen Lösung in α-Eisen umwandelt, die feste Lösung aber erhalten bleibt. Wir erhalten demnach als Gefüge: feste Lösung von Kohlenstoff in α-Eisen, den sogenannten „Martensit".

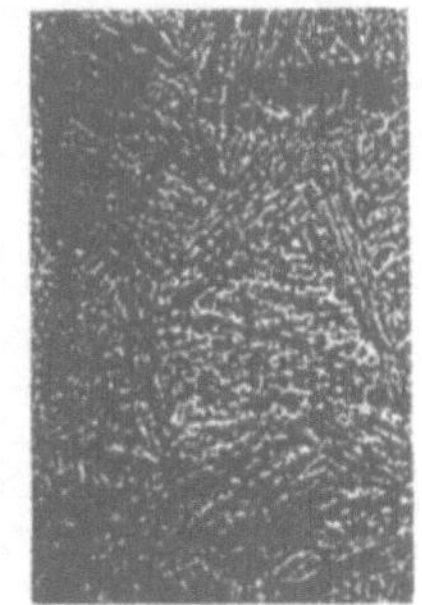

× 400

Abb. 44. Martensit von Stahl mit 0,2 % C.

Wenn es so gelingt, eine feste Lösung bei gewöhnlicher Raumtemperatur zu erhalten und festzuhalten, so ist sie doch hier kein Gleichgewichtszustand des Gefüges, wie über 720°, weil α-Eisen Kohlenstoff nicht lösen kann: sie ist ein Zwangszustand, ein unbeständiger Zustand, den der Stahl zugunsten beständigerer Formen, schließlich des Perlits, aufgibt, sobald er kann. Er kann es aber nur, wenn die Starrheit des atomaren Aufbaues durch Erwärmen gelockert wird (Näheres s. Abschnitt 44).

Abb. 44 zeigt Martensit in 400facher Vergrößerung. Der nadelige Aufbau ist kennzeichnend für Martensit, ist das Zeichen des beginnenden Zerfalls, des Zwangszustandes. Durch vorsichtiges und geschicktes Vorgehen kann er in geeigneten Fällen vermieden werden und muß für hochgekohlten Stahl, der richtig gehärtet sein soll, vermieden werden (s. Abschnitt 42).

38. Gefüge nach minder schroffem Abschrecken. K r i t i s c h e A b k ü h l u n g s g e s c h w i n d i g k e i t. Als Maß für die Abkühlungsgeschwindigkeit wird die Zeit gewählt, die nötig ist, um das Temperaturgebiet von 700÷200° zu durchlaufen. Je länger diese Zeit ist, um so kleiner ist die Abkühlungsgeschwindigkeit und umgekehrt. Diejenige Abkühlungsgeschwindigkeit nun, die gerade genügt, um die Umwandlung auf 300° zu erniedrigen und die damit zu Martensit statt zu Perlit führt, nennt man k r i t i s c h e A b k ü h l u n g s g e s c h w i n d i g k e i t. Für nicht legierten Stahl ist sie etwa 6 s, d. h. es muß der Temperaturbereich von 700÷200° in dieser Zeit durchlaufen werden. Ist die Zeit nur etwas länger, wird die kritische Geschwindigkeit nicht erreicht, so erhält man als Gefüge nicht mehr Martensit, allerdings auch nicht Perlit, sondern eine Zwischenstufe: „Troostit".

Nach Abschnitt 36 drückt jede Abkühlgeschwindigkeit, die schneller ist als das Gefügegleichgewicht verlangt, die Umwandlungspunkte besonders Ar_1 hinunter zu tieferen Temperaturen. Deshalb wandelt sich der Austenit zu Troostit auch nicht bei etwa 720° um, sondern bei etwa 650°. Ist die Abkühlgeschwindigkeit noch etwas geringer als für Troostit nötig, doch immer noch höher als für Perlit, so erhält man eine dem Perlit näherliegende Zwischenstufe, den „Sorbit". Abschnitt 42 wird näheres über die Struktur dieser Gefüge bringen.

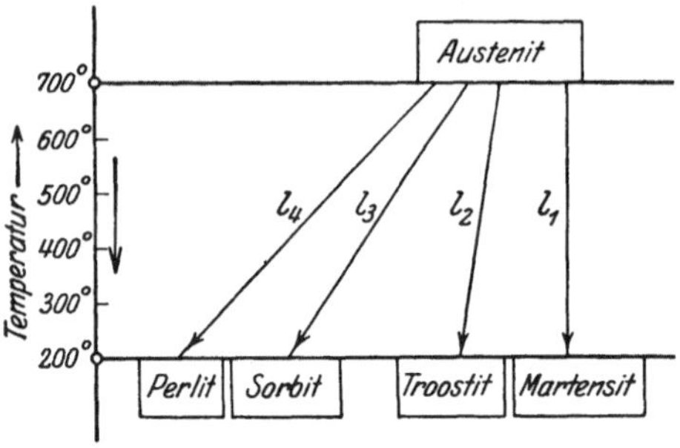

In Abb. 45 sind diese Abkühlungsverhältnisse schematisch dargestellt. Die Länge der vom Austenit ausgehenden Strahlen stellt die Abkühlungszeiten dar, so daß die kürzeste Abkühlungszeit, der Strahl l_1, der kritischen Geschwindigkeit entspricht und die längste Abkühlungszeit, der Strahl l_4, dem langsamen Abkühlen beim Ausglühen. Strahl l_2 und l_3 entsprechen den Abkühlungszeiten, die zu den zwischen Martensit und Perlit liegenden Gefügen führen. (Das Verhältnis der Längen l_1, l_2, l_3, l_4 soll allerdings nicht dem Verhältnis der Abkühlzeiten gleich sein.)

Abb. 45. Abkühlungszeiten und Gefüge.

39. Volumänderung durch Abschrecken. Im Abschnitt 14 haben wir erfahren, daß (bei gleicher Temperatur) α-Eisen mehr Raum einnimmt als γ-Eisen und im Abschnitt 19, daß der gelöste Kohlenstoff (die Härtungskohle) mehr Raum einnimmt als die Karbidkohle. Es ist daher von vornherein wahrscheinlich, daß der Martensit, der aus in α-Eisen gelöster Kohle besteht, ein größeres Volumen hat als der Austenit (in γ-Eisen gelöste Kohle) und auch als der Perlit (Gemenge von α-Eisen und Karbidkohle). Messungen haben das bestätigt. Es hat sich ergeben, daß die Volume der Gefügebestandteile in folgender Reihe zunehmen: Austenit—Perlit—Martensit oder, was dasselbe sagt, daß die spezifischen Gewichte in dieser Reihenfolge abnehmen. Bei eutektoidem Stahl beträgt der Unterschied zwischen Perlit und Martensit rund 1%.

In Abb. 46 sind entsprechend der Abb. 21 die Volum- bzw. Längenänderungen von dünnen Drähten beim Abkühlen dargestellt, indem wieder auf der Waagerechten die Temperaturen, auf der Senkrechten die Längenänderungen in Tausendstel mm aufgetragen sind. Die obere Kurve zeigt das Verhalten von Kupferdraht, der keinerlei Umwandlung erfährt. Die Kurve, die gleichermaßen für langsames und rasches Abkühlen gilt, ist angenähert eine Gerade, was bedeutet, daß die Länge angenähert mit der Temperatur abnimmt.

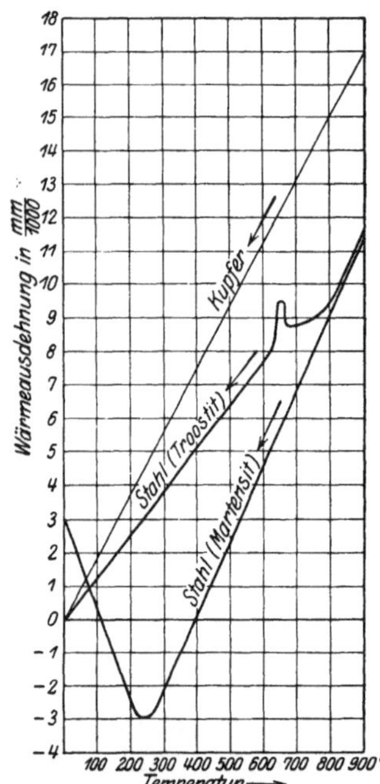

Abb. 46. Längenänderung von Kupfer- u. Stahldraht für 1 mm Länge b. Abkühlen.

Die Gerade fällt mit der Erwärmungsgeraden in Abb. 21 zusammen, besonders fällt ihr Endpunkt, ebenso wie der Anfangspunkt jener, in den Nullpunkt, so daß auch die Endlänge mit der Anfangslänge genau übereinstimmt.

Anders bei Stahl. Die Unstetigkeit a-b-c (Abb. 21), die die Erwärmungskurve hat, zeigt sich auch bei langsamem Abkühlen, ein Anzeichen für die Rückverwandlung des γ-Eisens in α-Eisen und der gelösten Kohle (Härtungskohle) in Karbidkohle. Diese Rückverwandlung findet bei etwas niedrigerer Temperatur statt als die Umwandlung beim Erwärmen, da ja Ac_1 etwas höher liegt als Ar_1 (s. Abschnitt 19 und Abb. 20). Wird nun schneller abgekühlt, so daß sich Troostit bildet, so sinkt Ar_1 auf etwa 650° hinab, wie die mittlere Kurve in Abb. 46 zeigt.

Wird jetzt aber so schroff abgeschreckt, daß sich Martensit bildet, so verschwindet die Unstetigkeit oben in der Kurve völlig (untere Kurve Abb. 46), sie ist eine Gerade bis etwa 250°, ändert dort ihre Richtung und verläuft weiter als Gerade bis zur Endtemperatur. Dieser Verlauf entspricht der Angabe in Abschnitt 37, wonach sich bei schroffem Abschrecken bei etwa 300° nur γ-Eisen in α-Eisen wandelt, während die Kohle gelöst bleibt. Besonders bemerkenswert ist es, daß der Endpunkt der Martensit-Kurve nicht unerheblich höher liegt als der Nullpunkt, daß also die Endlänge größer ist als die Anfangslänge. Die Ursache dafür ist das größere Volumen bzw. die geringere Dichte des Martensits gegenüber dem Perlit als Folge der gelösten Kohle.

40. Härtetheorien. Auf der Tatsache, daß γ- und α-Eisen verschiedene Raumgitter haben und daß Austenit dichter als Perlit, Perlit dichter als Martensit ist, hat man bemerkenswerte, einleuchtende Härtetheorien begründet.

Nach Maurer und Thallner ist die hohe Härte des Martensits eine Folge von Kaltreckung (Spannung) der Eisenteilchen, die dadurch entsteht, daß die aus dem γ-Eisen sich bildenden α-Eisenteilchen gezwungen werden, sich einem größeren als ihrem normalen Volumen einzuordnen. Dieser Zwang geht von der durch Abschrecken festgehaltenen Härtungskohle mit ihrem größeren Volumen aus, das den Eisenteilchen nicht gestattet, sich in gewohnter Weise eng zusammenzuschließen. Nach Ludwik ist die Härte des Martensits eine Folge der Verzerrung des Raumgitters des α-Eisens durch eingezwängten Kohlenstoff. Denn während im γ-Eisen sich die Kohlenstoffatome in die Mitte der Gitterwürfel lagern können, werden sie bei der Umwandlung des γ-Eisens zu

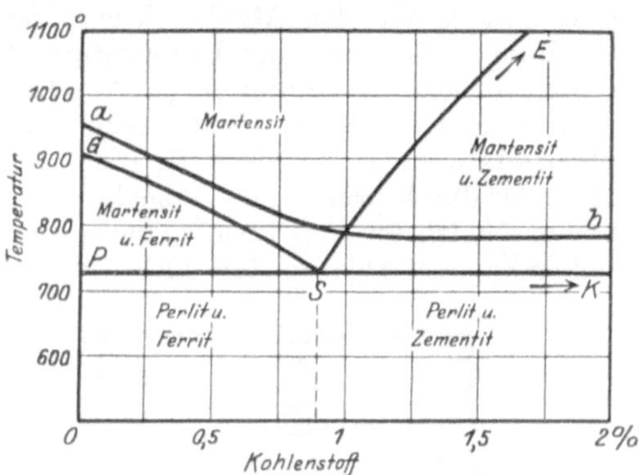

Abb. 47. Struktur-Schaubild und Abschrecktemperaturen für gehärteten Stahl.

α-Eisen zur Seite geschoben, da α-Eisenatome ihren Platz einnehmen. Dadurch entsteht die Gitterstörung, die wieder die Erhöhung der Festigkeit, Härte usw. zur Folge hat.

41. Die richtigen Abkühltemperaturen. Reinen Martensit erhält man natürlich nur, wenn man aus dem Gebiet des reinen Austenit, also von Temperaturen oberhalb der Linien GSE (Ac_3) (Abb. 17 S. 18) abschreckt. Schreckt man dagegen von Temperaturen unterhalb GSE doch oberhalb PSK ab, so erhält man Martensit und Ferrit bzw. Martensit und Zementit. Abb. 47 gibt in den einzelnen Feldern die Gefügebestandteile an, die man beim Abschrecken aus den den Feldern entsprechenden Temperaturen enthält. Erhitzt man also 20÷30° über Ac_3, so hat man die Abschrecktemperatur für reinen Martensit und damit auch die richtige Härtetemperatur für untereutektoide Stähle (C-Gehalt $< 0,9\%$). Denn bliebe man beim Erhitzen unter Ac_3, so würde man nach dem Abschrecken im Gefüge neben Martensit den weichen Ferrit haben, also keine durchgehende Erhöhung der

Festigkeitseigenschaften. Ginge man andererseits erheblich höher über Ac_3, so würde der Martensit gröber werden; denn je höher die Temperatur, um so größer formen sich die Austenitkristalle ein und um so grobnadliger wird der Martensit.

Da für den eutektoiden Stahl Ac_3 mit Ac_1 zusammenfällt, kommt etwas anderes für die Martensitbildung als ein Erhitzen kurz über Ac_1 nicht in Frage. Aber auch für die übereutektoiden Stähle (C-Gehalt > 0,9 %) ist es weder nötig noch zulässig, höher zu gehen. Nicht nötig, weil der Zementit, der dann neben Martensit im Gefüge auftritt, härter ist als dieser; nicht zulässig, weil der Martensit von Erhitzungstemperaturen über Ac_3 grob ist, um so gröber, je höher der C-Gehalt ist. Denn einmal steigt die Linie SE mit wachsendem C-Gehalt stark an, dann ist Stahl gegen Überhitzen um so empfindlicher, je höher der C-Gehalt ist. Sonach gibt die Linie a-b (Abb. 47) für Stahl jeden Kohlenstoffgehaltes die grundsätzlich richtige Härtetemperatur an.

Einen ähnlich ungünstigen Einfluß wie zu hohe Temperatur hat zu lange Glühzeit auf den Martensit, so daß als maßgebend für das Härten von Stahl die Vorschrift gilt: Nicht höher und nicht länger erhitzen, als daß gerade aller Ferrit und Perlit (nicht aber der freie Zementit!) sich zu Austenit aufgelöst haben. Dann erhält man den feinsten Martensit (s. Abb. 49). Da Ar_1 tiefer liegt als Ac_1 (s. Abb. 20), so ist es unter Umständen angängig oder gar vorteilhaft, wenn der Stahl nach dem Erhitzen über Ac_1 erst ein wenig langsam abkühlt, bevor er abgeschreckt wird. Außer vom C-Gehalt hängt die Abschrecktemperatur auch noch vom Mangangehalt ab, da Mangan die Lage der Umwandlungslinien beeinflußt: ein erhöhter Mangangehalt drückt sie hinunter (s. Abschnitt 57). Vom Einfluß des Querschnitts wird weiter unten die Rede sein. Ist die richtige Abschrecktemperatur für einen Stahl nicht bekannt, so kann man sie durch Beobachtung von Ac_1 bzw. Ac_3 oder durch praktische Versuche ermitteln. Die Beobachtung von Ac erfordert wissenschaftliche Apparatur (Thermoelemente mit Kurvenschreiber oder Spiegelgalvanometer, Dilatometer oder dgl.); doch gibt es neuerdings auch elektrisch

a   b   c   d   e

Abb. 48. Bruchaussehen von Stahl mit 1,2 %/₀ C bei verschiedenen Abschrecktemperaturen.
a verbrannt, b stark überhitzt, c wenig überhitzt, d richtig abgeschreckt, e zu niedrig abgeschreckt.

geheizte, sogenannte Haltepunkts-Öfen, für die Werkstatt, die für jedes Werkstück selbsttätig die Haltepunktskurve aufzeichnen und so die richtige Abschrecktemperatur genau zu bestimmen und einzuhalten gestatten (Näheres s. 2. Teil). Die praktischen Versuche bestehen darin, daß man kleine (am besten eingekerbte) Stückchen des Stahls bei verschiedenen Temperaturen abschreckt und dann bricht: dem feinsten Bruchkorn entspricht die richtige Härtetemperatur. Daß der Unterschied zwischen diesem feinen Bruchkorn der richtigen Härtetemperatur und denen zu hoher und zu niedriger Temperaturen deutlich erkennbar ist, zeigt Abb. 48 (Metcalfsche Probe).

42. Struktur von Martensit, Troostit, Sorbit. Nach Abschnitt 37 ist Martensit eine feste Lösung von Kohlenstoff in α-Eisen; es ist also der Kohlenstoff in atomarer (molekularer) Verteilung im α-Eisen, so daß er auch bei stärkster Vergrößerung neben dem Eisen für das Auge nicht zu erkennen ist. Wenn nun der Martensit auch nicht ausgesprochen „polyedrisch" ist wie der Austenit, so hat er doch oft eine Struktur, und zwar meist nadeliger Art (s. Abb. 44), um so gröber, von je höherer Abschrecktemperatur der Martensit stammt. Abb. 49 u. 50 lassen den Einfluß der Abschrecktemperatur deutlich erkennen. Erhitzt man hochgekohlten Stahl nur wenig über Ac_1 und nur für kurze Zeit, erhält man so feines Korn, daß der Martensit strukturlos ist (Abb. 49); er wird dann wohl „Hardenit" genannt.

Troostit ist im Gegensatz zu Martensit keine feste Lösung mehr. Der Kohlenstoff ist also nicht in Atomen in das Raumgitter des α-Eisens eingelagert, sondern bildet als freies Eisenkarbid ganz kleine Körner und in so feiner Verteilung im Eisen, daß sich ein völlig strukturloses Gemisch ergibt. Sorbit ist gleichfalls ein feines Gemenge von Eisenkarbid und α-Eisen, wenn auch nicht von jener feinsten Verteilung wie der Troostit. Ein deutliches Strukturbild ist auch bei ihm noch nicht erkennbar, obgleich er dem Perlit schon viel näher steht als der Troostit. Abb. 51 ÷ 53 zeigen Stahl mit etwa 0,6 ÷ 0,7 % C, geglüht (Perlit und Ferrit), in Öl abgeschreckt (Troostit) und vergütet (Sorbit).

×200   ×200

Abb. 49.   **Abb. 50.**
Abgeschreckt von 780°.   Abgeschreckt von 870°.
Martensit von Stahl mit 1,2 % C.

Von den drei Gefügebestandteilen durch Abschrecken ist Martensit der bei weitem härteste. Auch Sorbit und

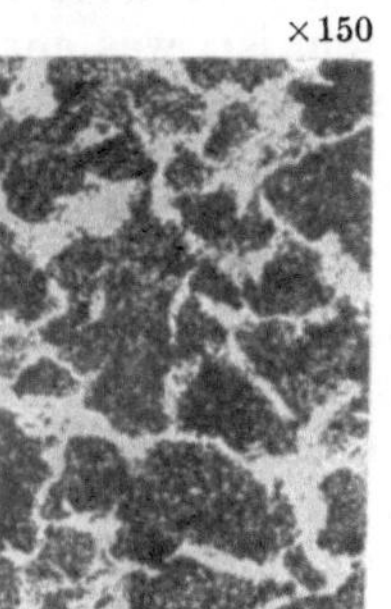
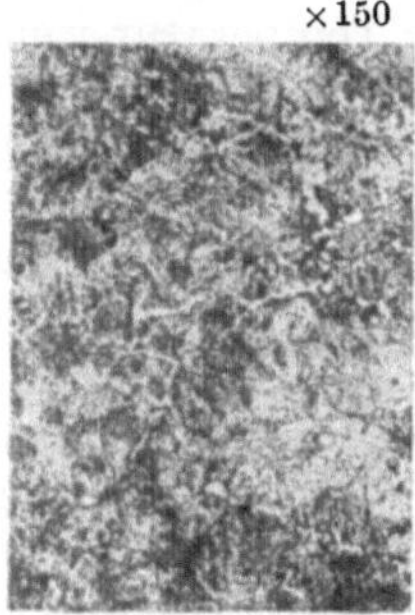
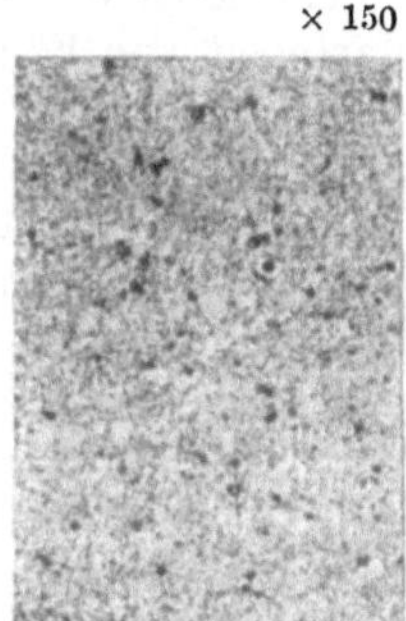

×150   ×150   ×150

Abb. 51. Geglüht   **Abb. 52. In Öl ab-**   **Abb. 53. Vergütet**
(Ferrit u. Perlit).   geschreckt (Troostit).   (Sorbit).
Abb. 51—53. Stahl mit etwa 0,6 % C.

Troostit sind steigend etwas härter als Perlit, doch ist der Unterschied nur gering (etwa 100 Brinelleinheiten), während er zwischen Perlit und Martensit sehr groß ist (etwa 500 Brinelleinheiten). Sehr oft kommen diese Gefügebestandteile im Stahl zusammen vor, so Troostit mit Martensit, Sorbit mit Perlit oder Ferrit usw., in der Hauptsache als Folge der Querschnittsabmessungen.

43. Einfluß der Querschnittsgröße. Martensit entsteht beim Abschrecken im ganzen Werkstück, auch in der innersten Schicht, im Kern, nur dann, wenn das Stück nicht sehr stark ist. Hat es dagegen einen starken Querschnitt, so wird wohl in den äußeren Schichten die Wärme so rasch abgeleitet, daß die kritische Abkühlungsgeschwindigkeit erreicht oder überschritten wird und sich Martensit bildet, im Innern dagegen nicht, so daß durch geringere Abkühlungsgeschwindigkeit hier nur Troostit oder andere Übergangsgefüge entstehen. Abb. 54 A zeigt das Bruchaussehen dreier verschieden starker zylindrischer Stücke aus Stahl mit 0,75 % C, die von 760° in Wasser abgeschreckt wurden. Bei 15 mm ⌀ ist der Quer-

schnitt gleichmäßig durchgehärtet, bei 20 mm ∅ und mehr noch bei 25 hat sich
eine Kernzone von Troostit gebildet. — Es ist möglich, diese Kernzone zu vermeiden oder doch zu verringern, also eine stärkere gehärtete Schicht zu bekommen,
wenn man von höherer Temperatur abschreckt. Dadurch wird die Zeit der Abkühlung, wie die Erfahrung lehrt, verringert, die Abkühlungsgeschwindigkeit vergrößert, so daß sie auch noch für tiefer liegende Schichten, unter Umständen auch
für den Kern, die Höhe der kritischen erreicht. Abb. 54 B zeigt das an den beiden
größeren zylindrischen Stücken der Abb. 54 A, die hier von 920° abgeschreckt sind.

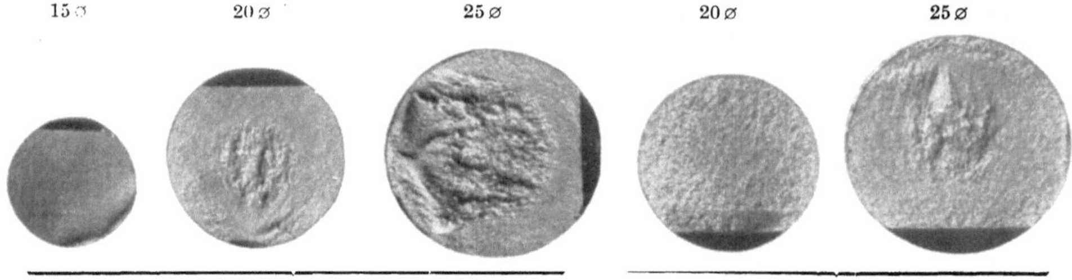

Abb. 54. Stahl mit verschiedenen Querschnitten von verschiedenen Temperaturen abgeschreckt.
A von 760°, B von 920°.

Bei 20 mm ∅ ist der Querschnitt jetzt ganz durchgehärtet, bei 25 mm ∅ ist der
Troostitkern erheblich verkleinert. Es darf jedoch nicht vergessen werden, daß
Martensit von höherer Temperatur weniger fein ist, was man hier auch erkennen
kann. Es ist also Vorsicht geboten; doch nimmt man häufig für dickere Stücke
die Härtetemperatur etwas höher.

Auch am geätzten Querschnitt Abb. 38 (S. 29) sieht man deutlich die Verschiedenheit der Gefüge außen und innen. Die weiße Randschicht: Martensit mit Zementit,
der dunkle Kern: Übergangsgefüge. Bemerkenswert ist noch, daß die Martensit-
schicht an den Ecken am stärksten ist und daß nach innen zu die Zonen der verschiedenen Übergangsgefüge sich einigermaßen der Kreisform (Zylinder bzw. Kugel) nähern.

Bei sehr starken Stücken wird oft auch aus einem zweiten Grunde der Kern
nicht martensitisch werden: man hört nämlich mit dem Erwärmen wohl schon
dann auf, wenn die äußeren Schichten warm genug sind, wartet dagegen nicht,
bis auch der Kern dieselbe Temperatur angenommen hat. Der Kern ist in solchen
Fällen daher gar nicht so warm, als daß sich der Perlit dort schon aufgelöst hätte
und bei genügend raschem Abschrecken Martensit bilden könnte.

Übergangsgefüge entstehen jedoch nicht nur unbeabsichtigt, man ruft sie
absichtlich auch in der Außenschicht hervor, z. B. bei höher gekohlten Stählen
durch milderes Abschrecken den Troostit, wenn man Federhärte haben oder
Spannungen und Verzerrungen möglichst vermeiden will, die um so geringer
sind, je mehr das Gefüge sich dem Perlit nähert.

44. Gefügeänderungen beim Anlassen. Nach Abschnitt 37 ist Martensit ein
Zwangszustand, den der Stahl zu ändern bestrebt ist und den er ändert, sobald
die Vorbedingung dafür erfüllt ist: höhere Temperatur. Im Erwärmen aber besteht
ja gerade das Anlassen.

Das schließliche Ende der Änderung beim Anlassen ist das beständige Gefüge
des Perlits, der bei einer Erwärmung bis auf 700° erhalten wird. Bis dahin ist die
Gefügeänderung recht verwickelt und nicht stetig, sondern sprunghaft: bei etwa
100° beginnt der Martensit zu zerfallen, bei etwa 250° bildet sich der „Anlaß-
Troostit“, der sich bei 350÷400° in „Anlaßsorbit“ umzuwandeln beginnt, um
schließlich in körnigen Perlit überzugehen.

Das Ziel des Anlassens beim Vergüten ist meist der Sorbit, dessen Gleichmäßigkeit und Feinheit die vorzüglichen mechanischen Eigenschaften ergibt. Rückblickend ist festzustellen, daß dieses feine Gefüge durch einen Kunstgriff erhalten wird: man verschafft sich erst durch Abschrecken eine Lösung der Bestandteile ineinander (Martensit) und läßt aus der Lösung durch vorsichtiges, wohl bemessenes Wiedererwärmen die Bestandteile in feiner Verteilung wieder ausfällen.

Man kann nach Abschnitt 38 die Übergangsgefüge Troostit und Sorbit durch richtig gewählte Abkühlgeschwindigkeit unmittelbar erhalten, so daß also zwei Erzeugungsweisen zur Verfügung stehen: unmittelbar durch Abkühlen (Abschreck-Troostit und -Sorbit) und durch schroffes Abschrecken mit folgendem Anlassen (Anlaß-Troostit und -Sorbit). Völlig stimmen die Gefüge, die man auf diese verschiedenen Weisen erhält, im Aufbau nicht überein, auch ist das Gefüge nach schroffem Abschrecken und Anlassen etwas feiner. Jedoch hat dieses Verfahren den Nachteil, daß beim Abschrecken starke Spannungen erzeugt werden, besonders bei hohem Kohlenstoffgehalt. Ebenso wie beim Anlassen der unbeständige Martensit schließlich wieder in Perlit umgewandelt wird, so geht auch die Volum-

Tabelle 5. Gefügebestandteile des Stahls.

Bezeichnung	Aufbau	Entsteht:
Ferrit	Kristallkörner von α-Eisen (sehr weich)	in allen Stählen durch langsames Abkühlen bis unter Ar_1 in feinem Gemenge mit Zementit (als Perlit); in Stählen mit weniger als 0,9 % C auch frei.
Zementit	Eisenkarbid (Fe_3C) (sehr hart) in Schichten, Nadeln oder Netzwerk	in allen Stählen durch langsames Abkühlen bis unter Ar_1 in feinem Gemenge mit Ferrit (Perlit); in Stählen mit mehr als 0,9 % C auch frei.
	in kugelförmigen Körnern (körniger Zementit).	in allen Stählen durch ausreichendes Glühen kurz unter oder bei Ac_1.
Perlit	Feines Gemenge von Ferrit und Zementit mit stets 0,9 % C streifig: abwechselnde Schichten von Zementit und Ferrit.	in allen Stählen durch langsames Abkühlen bis unter Ar_1.
	körnig: kleine Zementitkörner im Ferrit	durch ausreichendes Glühen von streifigem Perlit kurz unter oder bei Ac_1.
Austenit	γ-Mischkristalle (feste Lösung von Kohlenstoff in γ-Eisen).	in allen Stählen bei Temperaturen über A_1.
Martensit	feste Lösung von Kohlenstoff in α-Eisen, strukturlos (Hardenit) bis grobnadelig.	in allen Stählen durch Abschrecken mit mindestens der kritischen Geschwindigkeit von oberhalb Ac_1.
Troostit	strukturlos feines Gemisch von Ferrit und Zementit.	in allen Stählen durch Abschrecken mit etwas geringerer als der kritischen Geschwindigkeit oder durch Anlassen von Martensit auf 250°.
Sorbit	fast strukturlos feines Gemisch von Ferrit und Zementit.	in allen Stählen durch Abschrecken mit etwas geringerer Geschwindigkeit als für Troostit nötig oder durch Anlassen von Martensit auf über 400°.

vergrößerung und die Härtesteigerung durch den Martensit wieder zurück, jedoch auch nicht stetig, sondern mehr oder weniger sprunghaft.

In Tabelle 5 sind die Gefügebestandteile nach Namen, Aufbau und Entstehung zusammengestellt.

VII. Einsatzhärten.

A. Härten durch Zementieren.

45. Bedeutung des Einsatzhärtens. In der Einleitung wurde erwähnt, daß in vorgeschichtlicher Zeit und bis tief hinein ins 19. Jahrhundert Stahl vielfach aus weichem, niedrig gekohltem Schmiedeeisen dadurch hergestellt wurde, daß man dem Eisen durch Glühen in Holzkohle Kohlenstoff zuführte, es „zementierte". Nach gründlichem Durchschmieden erhielt man dann einen recht guten Stahl, Zementstahl — auch Blasenstahl — genannt. Diese Art der Stahlbereitung spielt heute so gut wie keine Rolle mehr, aber die Grundlage des Verfahrens, das Zementieren (Einsetzen), ist in dem Einsatzhärten heute zu neuer, großer Bedeutung für die Industrie geworden.

Beim Einsatzhärten werden fast oder völlig fertige Teile aus niedrig gekohltem Stahl so lange in Kohlenstoff abgebenden Mitteln geglüht (zementiert), bis die Außenschicht reich genug an Kohlenstoff ist, daß sie beim nachfolgenden Abschrecken glashart wird. Da der innere Teil des Werkstücks, der Kern, keinen Kohlenstoff aufnimmt und deshalb weich bleibt, so erhält man beim Abschrecken auf diese Weise Stücke, die glasharte Oberfläche mit weichem zähen Kern verbinden. Die im Einsatz gehärteten Teile sind daher durch die harte Oberfläche sehr widerstandsfähig gegen Verschleiß, durch den zähen Kern widerstandsfähig gegen wechselnde und schlagartige Beanspruchung. Zudem bietet die Außenschicht, da sie nicht nur sehr hart, sondern auch sehr fest und elastisch wird, hohe Sicherheit gegen Kerbwirkungen und Dauerbrüche. Weitere Vorzüge der im Einsatz gehärteten Teile gegenüber solchen aus hochgekohltem und unmittelbar gehärtetem Stahl sind folgende:

1. Man kann im Einsatz gehärtete Teile hinterher innen leicht bearbeiten, z. B. Spindeln durchbohren; man kann auch Teile ihrer Oberfläche unter Umständen leicht bearbeiten, da die Einsatzhärtung auf einzelne Stellen beschränkt werden kann.

2. Wegen des weich und zäh bleibenden Kernes verziehen sich und reißen die Teile beim Abschrecken weniger; infolgedessen eignet sich das Einsatzhärten gut für Teile, die ihre Form möglichst behalten sollen, weil man sie hinterher gar nicht oder nur schwer schleifen kann, wie z. B. Formlehren, Schnecken.

3. Die Bearbeitung der Teile ist leichter und billiger, da sie (abgesehen vom Schleifen) nur an dem weichen Stahl geschieht.

4. Einsatzstahl ist billiger als hochgekohlter Stahl, der meist Edelstahl sein muß.

Als Nachteile des Einsatzhärtens sind anzuführen:

1. Zementierter Stahl ist nicht mehr einheitlich, sondern besteht aus einer ganzen Reihe von verschiedenen Eisen-Kohlenstoff-Legierungen, da der Kohlenstoffgehalt von außen nach innen abnimmt.

2. Die richtige Warmbehandlung erfordert viel Erfahrung und ist teuer.

3. Die im Einsatz gehärteten Stellen müssen vor dem Schleifen meist genau gerichtet werden, da nur wenig von der harten Schicht heruntergeschliffen werden darf.

Um der Vorzüge willen werden jahraus, jahrein große Mengen von Teilen zementiert, besonders für den Kraftfahrzeug- und Werkzeugmaschinenbau, wie Zahnräder, Lagerzapfen von Achsen, Spindeln und Wellen, Kolbenbolzen, Hebel, Nockenwellen, Steine, Scheiben, Führungen, Kettenglieder, Rollen, Wälzlager, Schlüssel, Köpfe und Enden von Schrauben usw. Dann Werkzeuge: besonders Meßwerkzeuge, wie Rachenlehren, Kaliberdorne, Formlehren, doch auch wohl Stempel und Schnittplatten und Schneidwerkzeuge, wie Feilen, zuweilen auch Fräser usw. Für die Waffentechnik vor allem Panzerplatten.

46. Der Vorgang beim Zementieren. Weicher Stahl kann in festem Zustand von außen kommenden Kohlenstoff durch „Diffusion" aufnehmen, jedoch nur dann, wenn er so hoch erhitzt wird, daß das α-Eisen sich in γ-Eisen umzuwandeln beginnt. Das erklärt sich daraus, daß nach Abschnitt 14 wohl γ-, nicht aber α-Eisen Kohlenstoff zu lösen vermag. Es muß also zum Zementieren der Stahl mindestens über die untere Umwandlungskurve (Ac_1), d. h. über 700° erwärmt werden. Bei dieser niedrigen Temperatur wird der Kohlenstoff aber nur sehr langsam aufgenommen, reichlicher erst dann, wenn der Stahl bis über die obere Umwandlungskurve (Ac_3) erhitzt wird, bei der nicht nur der gesamte Perlit gelöst ist, sondern alles α-Eisen sich in γ-Eisen gewandelt hat. Je höher dann die Temperatur getrieben wird, die die Starrheit des Gefüges aufhebt, indem sie den kleinsten Teilchen, den Molekeln, Beweglichkeit gibt, um so schneller und reichlicher wird Kohlenstoff aufgenommen. Daß die Temperatur jedoch nicht zu hoch werden darf, davon wird weiter unten die Rede sein.

Der Kohlenstoff wird aus dem festen Zementationsmittel in der Hauptsache nicht unmittelbar aufgenommen, sondern aus kohlenstoffhaltigen Gasen, die sich aus den Zementionsmitteln in der Glühhitze entwickeln.

Früher nahm man an, daß der feste Kohlenstoff unmittelbar von der Berührungsstelle aus in den Stahl einwandere. Viele Versuche haben aber zuverlässig erwiesen, daß reiner, fester Kohlenstoff, wie z. B. gepulverte Holzkohle, nur sehr wenig zementiert, wenn er keine Gase bilden kann. Die Träger des Kohlenstoffs in das Eisen sind gasförmige Verbindungen: Kohlenoxyd, Kohlenwasserstoffe und die Kohlenstoff-Stickstoff-Verbindungen (Zyanverbindungen). Die Rolle des Stickstoffs in den Stickstoffverbindungen — außer dem Zyan kommt auch noch Ammoniak, die Stickstoffwasserstoff-Verbindung vor — ist zwar noch nicht völlig geklärt, aber zweifellos nicht gering, wie auch schon der Jahrtausende alte Gebrauch dieser Verbindungen zeigt. Einmal scheint die Gegenwart von Stickstoff die Zementation mit Kohlenstoff zu fördern, sodann wird auch Stickstoff unmittelbar aufgenommen und erhöht die Härte der Zementation. Daß sogar ausschließlich mit Stickstoff zementiert werden kann, davon wird im Abschnitt 51 gesprochen werden. Aus den Gasen setzt sich der Kohlenstoff im Stahl ab, indem er sofort Eisen an sich bindet und sich in Eisenkarbid verwandelt, das aufgelöst wird. Beim Abkühlen wird aus dem Karbid je nach der Schnelligkeit des Abkühlens Martensit (feste Lösung) oder Perlit (fein-mechanisches Gemenge). Nur wenn Kohlenstoff sehr reichlich und sehr schnell aufgenommen wurde, hat man nach langsamem Abkühlen auch freies Eisenkarbid (Zementit).

Mit der Aufnahme von Kohlenstoff ist die Wirkung des Einsetzens nicht erschöpft: es tritt eine Verbesserung der zementierten Schicht dadurch ein, daß sauerstoffhaltige Schlackeneinschlüsse — die nie ganz fehlen —, zerstört werden (durch „Reduktion").

47. Die zementierte Schicht. Da im allgemeinen die äußere Schicht den Kohlenstoff rascher aufnimmt, als sie ihn an die weiter innen liegenden Schichten abgeben kann, so bildet sich außen eine hochgekohlte Schicht, die Randschicht, die mehr oder weniger schroff in die innere Schicht, den Kern, übergeht.

Abb. 55 zeigt in 2,5facher Vergrößerung sehr deutlich die Wirkung eines starken Zementierens an dem noch ungehärteten, polierten und geätzten Querschnitt. Die sehr dicke gekohlte Schicht a besteht aus Zementit und Perlit als Folge einer schnellen und reichlichen Aufnahme von Kohlenstoff, die Schicht b, die den Übergang bildet zwischen der Randschicht und dem Kern, besteht aus Perlit, während der Kern selbst aus Perlit und Ferrit besteht, wie der ganze Querschnitt vor dem Einsetzen.

×2,5

Abb. 55. Stark zementierter Querschnitt (ungehärtet).

Freier Zementit in der Randschicht, wie in Abb. 55, ist nicht günstig, da er sich in groben Nadeln oder Lamellen abzuscheiden pflegt und die Schicht spröde macht (s. auch Abb. 61). Man sucht seine Entstehung zu verhindern, indem man den Kohlenstoffgehalt der Randschicht außen nicht über 0,9 bis höchstens 1% anreichert und in den Fällen, in denen nicht höchste Glashärte und große Tiefe verlangt wird, sich mit $0,8 \div 0,9\%$ begnügt. Ist freier Zementit in Netzform entstanden, so kann er nur durch Abschrecken von hoher Temperatur (über A_3) beseitigt werden: er bleibt dadurch im Martensit gelöst und wird durch nachfolgendes Glühen in die unschädliche Kugelform überführt (s. Abschnitt 50).

Von einer gut zementierten Schicht muß weiter verlangt werden, daß ihr Kohlenstoffgehalt nach innen zu allmählich abnimmt, daß also kein schroffer Übergang zwischen Rand und Kern entsteht, der die feste Verbindung zwischen den beiden Schichten gefährden würde. Eine gute Verteilung des Kohlenstoffs zeigt Abb. 56 (Zementation mit Leuchtgas): trotz der erheblichen Schichtdicke (etwa 4 mm) ist kein freier Zementit entstanden und die Schicht geht allmählich in den Kern über. Gefördert wird die allmähliche Abnahme des Kohlenstoffgehaltes nach dem Kern zu durch ein Glühen nach dem Einsetzen (s. Abschnitt 50). Die zementierte Schicht wird kaum je überall

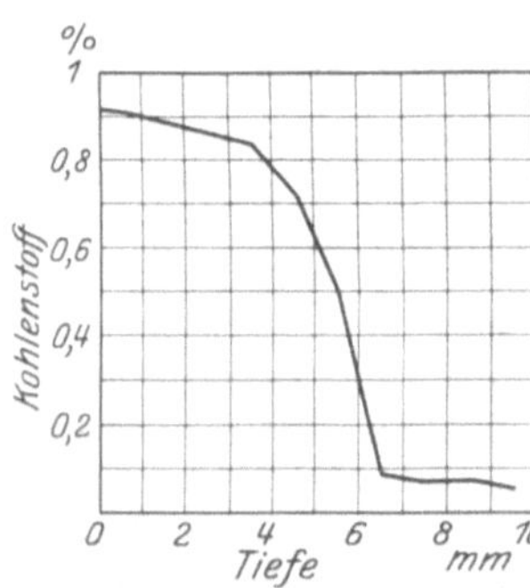

Abb. 56. Verteilung des Kohlenstoffes in der zementierten Schicht.

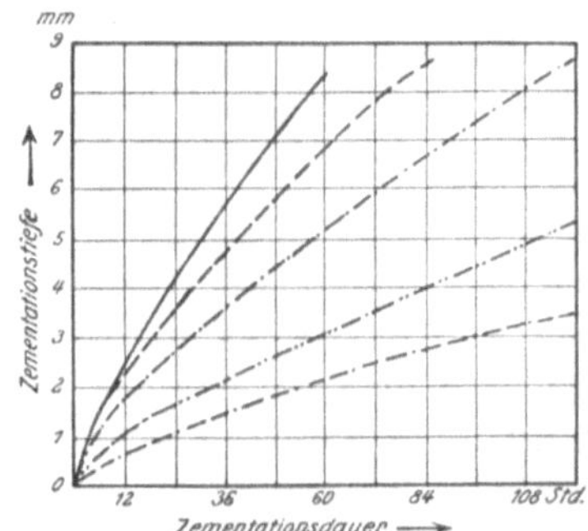

Abb. 57. Abhängigkeit der Zementationstiefe von der Zementationsdauer.

gleich stark sein; schon die Form vieler Werkstücke hindert das. Denn an Ecken wird sie meist stärker (vgl. auch Abb. 38 und 55) und entlang an etwa vorhandenen Schlackenadern, wie sie sich bei Schweißstahl finden, dringt der Kohlenstoff leicht tief in das Innere. Die Stärke der Schicht wird sich den Umständen anpassen, braucht aber selten 2 bis 3 mm zu übersteigen.

48. Zementationsdauer und -temperatur. Unter sonst gleichen Umständen, d. h. bei gleichem Einsatzstahl und gleichem Zementationsmittel wächst die Dicke der zementierten Schicht mit der Temperatur und Dauer des Glühens, allerdings

nicht proportional, vielmehr wird die Zunahme mit der Zeit allmählich geringer.
In Abb. 57 ist für fünf verschiedene Temperaturen in fünf Kurven der Einfluß der
Zeit dargestellt, indem auf der Waagerechten die Zementationsdauer, auf der
Senkrechten die Zementationstiefe aufgetragen ist. — Nach zwölfstündigem Glühen
war also bei diesen Versuchen die zementierte Schicht:

etwa 0,7 mm stark bei einer Glühtemperatur von 700°,

1,1 ,, ,, ,, ,, ,, ,, 700÷800°,

1,8 ,, ,, ,, ,, ,, ,, 850÷900°,

2,2 ,, ,, ,, ,, ,, ,, 950÷1000°,

2,5 ,, ,, ,, ,, ,, ,, über 1000°.

| ×10 | ×10 | ×10 | ×10 | außen |

Mitte des Querschnitts

| Abb. 58. | Abb. 59. | Abb. 60. | Abb. 61. |
| Vor dem Einsetzen. | 5 h eingesetzt. | 10 h eingesetzt. | 15 h eingesetzt. |

Abb. 58—61. Gefügeänderungen durch verschieden langes Einsetzen.

Sowohl hohe Glühtemperaturen wie lange Glühdauer sind für den Stahl schädlich,
da sie das Gefüge stark vergröbern und damit die folgende vergütende Warmbehandlung erschweren. Es gilt daher für alle Fälle die Regel: so kurze Zeit
und bei so niedriger Temperatur einsetzen, daß man gerade noch die unbedingt nötige Aufkohlung erhält.

Je niedriger sein Kohlenstoffgehalt ist, um so
höhere Glühtemperatur verträgt der Stahl. Wie
hoch die Temperatur bei einem bestimmten
Stahl zu wählen ist, das hängt hauptsächlich von
dem Zementationsmittel ab (über das im II. Teil
Näheres zu lesen ist). Jedenfalls geht man meist
über die obere Umwandlungslinie (Ac_3), weil sonst
die Dauer unverhältnismäßig lang wird. Wesentlich höher zu gehen, um die Dauer stark herabzusetzen, ist jedoch nicht zu empfehlen.

Abb. 58÷61 zeigen in vier Gefügebildern,
10fach vergrößert, Ausschnitte aus dem Querschnitt eines Rundstabs, 8 mm ⌀, 0,05% C, den

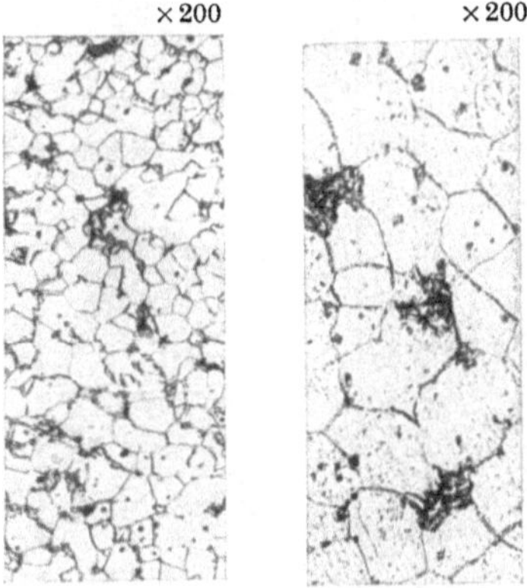

| ×200 | ×200 |

| Abb. 62. Stahl | Abb. 63. Stahl |
| vor dem Einsetzen. | nach dem Einsetzen. |

Einfluß der Glühdauer auf das Gefüge durch Zementieren bei 950° (in 40%
Bariumkarbonat und 60% Holzkohle). Man erkennt sowohl die zunehmende Vergröberung des Gefüges, wie die Aufkohlung der Randschicht und die fortschreitende
Bildung von freiem Zementit. Abb. 58: der Stahl vor dem Einsetzen. Körniger
Zementit. Abb. 59: nach fünfstündigem Einsetzen. Außen die perlitische (dunkle)
Randzone. Abb. 60: nach zehnstündigem Einsetzen. In der Randzone die hellen

Tabelle 6. Die genormten unleg. Einsatz- und Vergütungsstähle nach DIN 1661.

Einsatzstahl

Reinheitsgrad: Schwefel- und Phosphorgehalt nicht mehr als je 0,04 %, zusammen jedoch nicht mehr als 0,07 %.
Die mechanischen Eigenschaften gelten für den ausgeglühten (normalgeglühten) Zustand.

| Marken-bezeichnung | Zugversuch nach DIN 1605 | | | | Kohlen-stoff-gehalt C % | Mangan-gehalt Mn höchstens % | Silizium-gehalt Si höchstens % |
| | Zug-festigkeit σ_B im Mittel kg/mm² | Bruchdehnung mindestens % | | Streck-grenze σ_S mindestens kg/mm² | | | |
		am kurzen Normal-stab oder kurzen Proportionalstab δ_5	am langen Normal-stab oder langen Proportionalstab δ_{10}				
St C 10·61	38	30	25	21	0,06 bis 0,13	0,5	0,35
St C 16·61	42	28	23	23	0,11 bis 0,18	0,4	0,35

Nach dem Einsetzen hat der Werkstoff höhere Festigkeit, auch im Kern.

Vergütungsstahl

Reinheitsgrad: Schwefel- und Phosphorgehalt nicht mehr als je 0,04 %, zusammen jedoch nicht mehr als 0,07 %.

| Marken-bezeichnung | Zustand | Zugversuch nach DIN 1605 | | | | Kohlen-stoff-gehalt C $\approx$ % | Mangan-gehalt Mn höchstens % | Silizium-gehalt Si höchstens % |
| | | Zug-festigkeit σ_B kg/mm² | Bruchdehnung mindestens % | | Streck-grenze σ_S mindestens kg/mm² | | | |
			am kurzen Normal-stab oder kurzen Proportionalstab δ_5	am langen Normal-stab oder langen Proportionalstab δ_{10}				
St C 25·61	ausgeglüht	42 bis 50	27	22	24	0,25		
	vergütet	47 bis 55	24	20	28			
St C 35·61	ausgeglüht	50 bis 60	23	19	28	0,35		
	vergütet	55 bis 65	22	18	33		0,8	0,35
St C 45·61	ausgeglüht	60 bis 70	19	16	34	0,45		
	vergütet	65 bis 75	18	15	39			
St C 60·61	ausgeglüht	70 bis 85	15	13	40	0,60		
	vergütet	75 bis 90	14	12	45			

Zementitadern. Abb. 61: nach fünfzehnstündigem Einsetzen. Starke Zunahme der Perlitzone und der Zementitadern, starke Vergröberung des Kerns. Diese Vergröberung geht noch besonders aus Abb. 62 u. 63 hervor, die den Kern vor und nach dem Einsetzen 200fach vergrößert in Schliffbildern zeigen.

49. Einsatzstähle. Wenn auch jeder Stahl mit geringem Kohlenstoffgehalt im Einsatz gehärtet werden kann, empfiehlt es sich doch, den einzusetzenden Stahl sorgfältig auszusuchen, weil sonst leicht Mängel auftreten. Aus dem Grunde bringt auch die Werkstoffnormung besondere Einsatzstähle mit weitgehenden Gütevorschriften (s. unten), obwohl sie bei den niedrig gekohlten Regelstählen St 34 · 11 und St 42 · 11 angibt: „einsetzbar" bzw. „noch einsetzbar".

Folgende Forderungen sind an guten Einsatzstahl zu stellen:

1. Der Kohlenstoffgehalt soll geringer als 0,2% sein. Höher gekohlter Stahl verträgt die zum Einsetzen nötige hohe Glühtemperatur und lange Glühdauer schlecht, bzw. erschwert das Rückfeinen. Andererseits sind natürlich Festigkeit und Streckgrenze des Kerns um so geringer, je kleiner der Kohlenstoffgehalt ist. Will man daher gut einsetzbaren und doch auch im Kern sehr widerstandsfähigen Stahl haben, muß man niedrig gekohlten, legierten Stahl nehmen (s. Abschnitt 60 u. 61).

2. Der Mangangehalt soll $\leq$ 0,5% sein, weil ein höherer Gehalt auf zu viel Schlackeneinschlüsse schließen läßt, die zum Einsatzhärten besonders ungünstig sind. Andererseits erhöht allerdings Mangan die Festigkeit des Kerns und die Tiefe der gehärteten Schicht.

3. Der Gehalt an Phosphor und Schwefel soll nicht mehr als je 0,04% sein, weil beide Stoffe die Vergröberung des Korns beim Einsetzen und auch beim Härten fördern.

4. Der Gehalt an Schlackeneinschlüssen, besonders auch an Desoxydationsprodukten wie Tonerde (Al_2O_3) soll gering sein, weil sie die Aufnahme und das Vordringen des Kohlenstoffs erschweren; Tonerde z. B. dadurch, daß sie feine Häutchen um die Eisenkristalle bildet. Das Ergebnis ist dann eine geringe Zementationstiefe und unter Umständen eine Überkohlung der Randschicht durch mangelhafte Weiterleitung des Kohlenstoffs.

Aus den ersten drei Forderungen ergeben sich unmittelbar die Vorschriften für die nach DIN 1661 genormten Einsatzstähle der Tabelle 6. Wie für die Vergütungsstähle, gibt auch hier bei der Markenbezeichnung die Zahl hinter C wieder den mittleren Gehalt an Kohlenstoff in % · 100 an, so daß also St C 10 · 61 bedeutet: Stahl mit 0,1% C nach DIN 1661.

50. Härten und Zwischenbehandlung. Die zementierte Schicht läßt sich wie Werkzeugstahl härten. Wenn man aber das Werkstück aus der Zementationswärme in Wasser oder Öl abschreckt, so wird die Randschicht wohl hart, aber auch spröde. Denn durch die hohe Glühtemperatur und die lange Glühdauer war das Korn (nach Abschnitt 26) vergröbert, so daß wir es mit einer stark überhitzten Härtung zu tun haben.

Etwas günstiger wird die Härtung der Randschicht, wenn man erst auf 760÷780° abkühlen läßt und dann abschreckt, noch günstiger, wenn man erst langsam völlig abkühlen läßt, wieder auf 760÷780° erwärmt und dann abschreckt. Aber auch so wird die Vergröberung des Kernes, also des größten Teiles des Querschnittes, nicht beseitigt, so daß seine Festigkeit und besonders seine Kerbzähigkeit gering bleibt.

Nötig ist für günstige Festigkeitseigenschaften von Rand und Kern zweierlei: erstens ein Rückfeinen des Kornes und zweitens ein nicht überhitztes Härten der Schicht. Da das Rückfeinen sowohl durch ein Abschrecken von höherer, dem geringen C-Gehalt des Kernes entsprechender Temperatur, wie durch ein Glühen

möglich ist, so ergeben sich eine ganze Anzahl von Behandlungsarten, die zum
Ziele führen. Von ihnen seien einige der wichtigsten hier erwähnt:

1. Abschrecken aus der Zementationshitze zur Verfeinerung des Kernes. Abschrecken von 760÷780° zur Härtung der Schicht.

2. Erkaltenlassen im Einsatzkasten, Zwischenglühen bei 600÷650°, Abschrecken von 760÷780°.

3. Abschrecken aus der Zementationshitze, Zwischenglühen mindestens eine
Stunde bei 600÷650°, Abschrecken von 760÷780°.

Zu 1. Das Abschrecken zweimal hintereinander ist nachteilig, weil die Teile
sich dabei oft stark verziehen und erhebliche Spannungen entstehen, die zu
Rissen oder Abblätterungen führen können.

Zu 2. Dies viel übliche Verfahren gibt recht widerstandsfähige Teile. Verziehen gering, Korn fein. Auch bringt das Zwischenglühen noch einen allmählicheren Übergang vom Rand zum Kern.

Zu 3. Dies Verfahren gibt besonders feines Korn und hohe Zähigkeit. Es hat
vor 2. den Vorteil, daß sich kein freier Zementit bilden kann, wie es bei langsamer
Abkühlung aus der Zementationshitze möglich ist. Durch das Abschrecken bleibt
der Zementit im Martensit gelöst und wandelt sich beim Zwischenglühen zu körnigem Zementit um. Es hat gegen 2. den Nachteil, daß zweimal abgeschreckt wird
und damit die Gefahr von Formänderungen und Spannungen wächst. Allerdings
ist sie durch das Zwischenglühen lange nicht so groß wie bei 1.

In allen Fällen ist ein Anlassen auf 200° nach der Härtung nützlich, besonders
für Chromnickelstahl.

B. Härten durch Nitrieren.

51. Das Wesen des Nitrierens (Verstickens). Dieses Verfahren ist erst vor einigen
Jahren von der Firma Krupp entwickelt: es wird statt Kohlenstoff Stickstoff zum
Härten des Stahles benutzt, indem man ihn in die Randschicht des Stahles eintreten läßt.

Das hat zwei erhebliche Vorzüge vor dem Zementieren:

1. Diffundiert Stickstoff bereits bei niedrigen Temperaturen (etwa 500°) in
den Stahl und wird dort gelöst.

2. Bildet er das Härtungsgefüge ohne Abschrecken, d. h. bei langsamem Erkalten.

Das ist beides für das Verfahren von großem Wert: die niedrige Temperatur
schließt ein Überhitzen aus, so daß die Notwendigkeit, das Korn zurückzufeinen,
entfällt, und das langsame Abkühlen zum Härten ist nicht nur viel einfacher, es
läßt auch keine Spannungen entstehen, so daß die Werkstücke spannungslos und
ohne nennenswerte Kornänderung aus dem Nitrierofen kommen, meist unmittelbar gebrauchsfähig.

52. Die nitrierte Schicht. Das Verfahren wäre ideal, wenn es möglich wäre, so
dicke nitrierte Schichten zu erzeugen wie zementierte. Das ist aber nicht der Fall.
Über einige wenige Zehntel Millimeter geht die Schichtstärke beim Nitrieren nicht
hinaus und braucht dazu noch wesentlich längere Glühzeit als beim Zementieren.
Deshalb können nitrierte Oberflächen starken Flächendruck nicht aushalten: sie
würden einbrechen.

Dagegen ist die Härte der nitrierten Schicht sehr hoch, viel höher als die der
zementierten und gehärteten. Sie kann auf 1000 Brinelleinheiten kommen (umgerechnet aus Rockwell C-Härte), während die zementierte nicht über 700 kommt.
Besonders wertvoll ist an der Nitrierhärte, daß sie anlaßbeständig ist. Während die
Härte der zementierten Schicht beim Anlassen etwa nach Abb. 41 (S. 30) abnimmt,
bleibt die der nitrierten bis über 500° fast völlig unverändert bestehen.

Der hohen Härte entsprechend ist auch die Verschleißfestigkeit der nitrierten
Oberfläche sehr groß und von etwas anderem Charakter als die der abgeschreckten,
z. B. laufen Leichtmetalle auf nitrierten, hochpolierten Flächen sozusagen ohne
„Abnutzung und mit wesentlich vermindertem Ölverbrauch" (z. B. Schubstange aus
Leichtmetall mit nietrierten Kolbenbolzen und Kurbelwelle). Abb. 64 zeigt sowohl
die geringe Stärke der nitrierten Schicht (Kurve N) wie ihre hohe Härte im Vergleich
zur einsatzgehärteten (Kurve Z). Die Härte der
nitrierten Schicht ist an der Oberfläche fast 950 Brinelleinheiten, nimmt nach der Tiefe zu aber rasch
ab, so daß sie bei einer Tiefe $a = 0{,}2$ mm gleich der
einsatzgehärteten ist und dann tief unter diese sinkt.

53. Verzug und Vorbehandlung. Das Nitrieren
(viele Stunden bei etwa 525°) ist einem Ausglühen
in Stickstoff gleichzustellen. Es ist deshalb auch
klar, daß beim Nitrieren keine Spannungen entstehen, sondern daß etwa vorhandene noch aus-
gelöst werden, indem sie das Werkstück bildsam ein
wenig verformen (s. Kapitel X). Will man daher
den Werkstücken ihre Form beim Nitrieren unverändert erhalten, muß man sie vorher durch Ausglühen sorgfältig entspannen, d. h. man muß sie nach

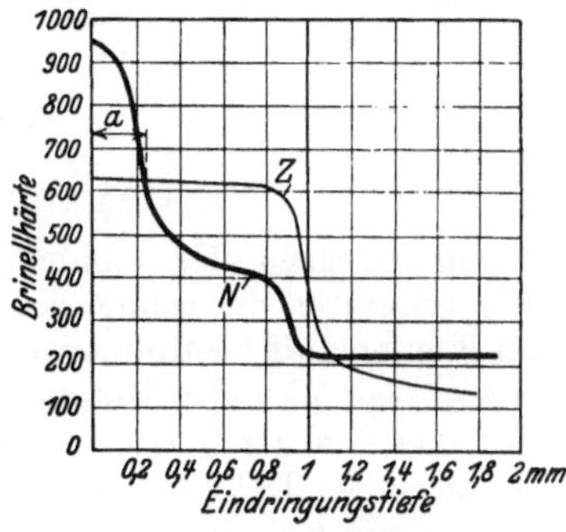

Abb. 64. Vergleich zwischen Nitrierhärte (N) und Einsatzhärte (Z).

dem Ausschruppen vor dem letzten Schlichtschnitt 3 h bei $500 \div 550°$ glühen.

Trotzdem entstehen beim Nitrieren geringe Veränderungen, die aber hauptsächlich auf einer Volumenzunahme durch das Nitrieren beruhen. Diese Zunahme
ist so gering — etwa $0{,}1 \div 0{,}5\%$ im Durchmesser und $\frac{1}{2} \div 2 \, \frac{mm}{1000}$ in der Dicke —,
daß sie meist vernachlässigt werden kann.

54. Stahl zum Nitrieren. Gewöhnliche Kohlenstoffstähle oder auch die üblichen
legierten Stähle können nicht nitriert werden; es sind Sonderstähle der Firma
Krupp mit etwas Aluminium und Chrom zu verwenden. Ihr Kohlenstoffgehalt
unterliegt keiner besonderen Beschränkung wie beim Zementieren; man wählt ihn
daher zwischen etwa 0,2 und 0,4%, je nach der verlangten Festigkeit. Der Stahl
kann vor dem Nitrieren vergütet werden, da das Nitrieren die erreichten Gütewerte nicht wieder verändert. Ein Nitrierstahl höherer Festigkeit hat z. B. folgende Zusammensetzung: 0,36% Kohlenstoff, 1,23% Aluminium, 1,49% Chrom,
0,27% Silizium, 0,51% Mangan, 0,013% Phosphor, 0,01% Schwefel, 0,18%
Molybdän.

55. Ausführung und Anwendungsgebiet. Nitrieren ist nur mit einer besonderen
Ofenanlage möglich, da die Werkstücke längere Zeit ($\frac{1}{2}$—4 Tage) einem Strom
von Ammoniak ausgesetzt werden müssen. Eine derartige Anlage kann nur wirtschaftlich arbeiten, wenn dauernd genügend Werkstücke zu nitrieren sind.

Sollen Stellen der Oberfläche vom Nitrieren ausgenommen werden, so werden
sie verzinnt. Nitrieren ist in erster Linie für solche Werkstücke am Platze, die sehr
verschleißfest sein müssen und, da sie hinterher nicht geschliffen werden sollen
oder können, ihre Form nicht verändern dürfen, ohne daß es jedoch auf einige
tausendstel oder hundertstel Millimeter ankommt. Solche Teile sind: Schnecken,
kleine Schubstangen und Kurbelwellen, Kolbenbolzen, Schwingen, Kurven- und
Nockenscheiben usw.

Für Teile höchster Genauigkeit, wie Lehren, Spindeln von Präzisions-Werk-
zeugmaschinen usw. kommt Nitrieren nur in Frage, wenn sie durch Polieren (mit
Gußkluppe) oder durch Abschleifen von höchstens einigen hundertsteln Millimetern

hinterher zu berichtigen sind. Jedoch ist für Lehren nachteilig, daß nitrierte Flächen nicht so polierfähig sind wie durch Abschrecken gehärtete.

Als neueste Anwendung ist das Nitrieren von Automobil- und Flugzeug-Motorzylindern zu erwähnen. Hier ist es unersetzlich; denn durch die Arbeitstemperatur von mehreren hundert Grad würde die Kohlenstoff-Einsatzhärte rasch verloren gehen. Daß in nitrierten hochpolierten Zylindern Guß- wie Leichtmetallkolben sehr günstig arbeiten, wurde schon in Abschnitt 52 erwähnt.

VIII. Legierte Stähle.

A. Legierte Stähle im allgemeinen.

56. Grenzen der Kohlenstoffstähle. Die mechanischen und physikalischen Eigenschaften der reinen Kohlenstoffstähle, die im wesentlichen durch den Gehalt an Kohlenstoff bestimmt werden, sind beim unbehandelten Stahl sowohl wie beim gehärteten oder vergüteten für viele Verwendungszwecke unzureichend. Besonders gilt das von der geringen Festigkeit und Streckgrenze der niedrig gekohlten und der geringen Dehnung und Zähigkeit der hoch gekohlten Stähle, von der geringen Ermüdungsfestigkeit, der raschen Abnahme der Härte beim Anlassen, der hohen kritischen Geschwindigkeit und der daraus folgenden geringen Durchhärtung, der Empfindlichkeit gegen Überhitzung u. a. m. Auch die sorgfältigste Erschmelzung und Weiterverarbeitung, wie sie die Edelstähle erfahren, kann nur die Zuverlässigkeit erhöhen und gewisse Mängel vermindern, kann aber an der Unzulänglichkeit dieser Eigenschaften grundsätzlich nichts ändern.

Dagegen haben wir im Legieren ein Mittel, die Gütewerte aller dieser Eigenschaften zu erhöhen und damit Stähle zu schaffen, die weit über das hinausgehen, was von Kohlenstoffstählen verlangt werden kann.

57. Das Wesen der legierten Stähle. Jedes der zum Legieren benutzten Metalle (Chrom, Nickel, Wolfram, Vanadin, Kobalt usw.) beeinflußt eine andere Gruppe von Eigenschaften. Wird mit mehreren Metallen legiert, was sehr häufig geschieht, so addieren sich die Wirkungen der einzelnen Metalle nur bis zu einem gewissen Grade; sie beeinflussen einander auch gegenseitig, so daß Wirkungen zustande kommen, die nur diesem Gesamtgehalt eigentümlich sind.

Alle zum Legieren benutzten Metalle sind im Eisen löslich, bilden mit ihm Mischkristalle, wie es der Kohlenstoff bei höheren Temperaturen als Austenit tut. Diese Mischkristalle unterscheiden sich optisch von den einfachen α-Ferritkristallen nicht (ebensowenig wie der unlegierte Austenit), so daß also die Legierungsmetalle mikroskopisch nicht nachweisbar sind. Nur auf die Korngröße haben manche von ihnen einen Einfluß: Nickel und Mangan verfeinern das Korn, Silizium (und auch Schwefel und Phosphor) vergröbern es.

Eine Folge der Lösung ist es, daß der Einfluß der Legierungsmetalle einigermaßen mit der Zunahme des Gehaltes ansteigt.

Im übrigen ist nicht der ganze Gehalt an Legierungsmetall im Ferrit gelöst, ein Teil meist auch im Karbid (Zementit), dessen Erscheinungsform dadurch aber nicht geändert wird, so daß auch der Perlit der legierten Stähle sich nicht von dem der reinen Kohlenstoffstähle unterscheidet.

Bei einigen Legierungsmetallen jedoch, besonders bei Chrom und Wolfram, entsteht bei hohem Gehalt an diesen Metallen oder bei hohem Kohlenstoffgehalt des Stahles noch eine andere Art von Karbiden: Ledeburit- oder Doppelkarbide. Sie bilden sich gleich beim Erstarren — im Gegensatz zu den gewöhnlichen Karbiden, die erst durch den Zerfall der Mischkristalle entstehen — und bilden mit einem Teil der Mischkristalle ein „Eutektikum", wie es sonst nur bei Roheisen (Eisen mit mehr als 1,75% C) geschieht. Da dieses Eutektikum beim Roheisen „Ledeburit" heißt, nennt man die legierten Stähle mit dem jenem ähnlich erscheinenden Eutektikum: Ledeburitstähle bzw. die Karbide, wie oben angegeben: Ledeburitkarbide. Charakteristisch für die Ledeburitkarbide ist es, daß sie durch kein noch so hohes Erwärmen des Stahles gelöst werden können, wie es bei den anderen, aus den Mischkristallen entstandenen Karbiden, trotz ihren Gehaltes an Legierungsmetall möglich ist; ferner daß sie leicht in groben Stücken oder zusammenhängenden Zeilen erschienen und sehr hart sind.

Der einschneidendste Einfluß auf die Struktur der legierten Stähle kommt aber dadurch zustande, daß die Legierungsmetalle auf die Umwandlungen des Stahles einwirken. Fast alle wirken zunächst auf die Höhenlage der Perlitumwandlung, d. h. sie verschieben die Temperatur, bei der beim Erwärmen der Perlit sich auflöst (Ac_1) oder beim Erkalten sich wieder bildet (Ar_1): Nickel und Mangan erniedrigen diese Temperatur, Silizium und Chrom erhöhen sie etwas, während Wolfram und Vanadin kaum einen Einfluß ausüben. Die Verschiebung nach unten durch Mangan und Nickel kann so groß sein, daß überhaupt bis zur Zimmertemperatur keine Umwandlung mehr zustande kommt.

Weiter wirken die Legierungsmetalle auf die Struktur durch ihren Einfluß auf die Abkühlungsgeschwindigkeit für die Umwandlungen. Chrom und Nickel setzen z. B. die kritische Geschwindigkeit herab, unter Umständen so sehr, daß sich auch bei langsamem Abkühlen Martensit bildet. Meist wirken mehrere Einflüsse zusammen, um das Strukturbild der legierten Stähle hervorzubringen.

58. Hauptgruppen der legierten Stähle. Faßt man alle Einflüsse der Legierungsmetalle auf den Gefügeaufbau der Stähle zusammen, so kann man folgende vier Gruppen von legierten Stählen unterscheiden:

1. **Perlitische Stähle.** Es sind diejenigen Stähle, die unbehandelt aus Perlit (gegebenenfalls mit Ferrit oder Zementit) bestehen, abgeschreckt aus Martensit, Stähle also, die sich mikroskopisch von den reinen Kohlenstoffstählen nicht unterscheiden. Das Legierungsmetall in mäßigem Prozentgehalt ist im Eisen und zum Teil im Karbid gelöst. Die Umwandlungspunkte können etwas höher oder niedriger liegen, die kritische Geschwindigkeit kann etwas verringert sein.

Zu dieser Gruppe gehören fast alle Baustähle, da sie niedrig legiert sind, sowohl die Silizium-, Nickel- und Chromstähle, wie auch die Chromnickel- und andere mehrfach legierte (komplexe) Stähle.

Auch die niedrig legierten Werkzeugstähle — aber auch nur diese — sind perlitisch. Es handelt sich da hauptsächlich um die Wolfram- und Chromstähle.

Stähle mit verringerter kritischer Geschwindigkeit, die in Öl hart werden — sie heißen deshalb wohl „Ölhärter" —, enthalten etwas Mangan oder Chrom. Dagegen sind Stähle mit so stark verringerter kritischer Geschwindigkeit, daß sie in bewegter Luft härten — sie werden „Lufthärter" genannt —, nur teilweise oder auch gar nicht perlitisch.

2. **Martensitische Stähle.** Sie bestehen unbehandelt, trotz langsamster Abkühlung, aus Martensit, sind also von Natur hart und heißen deshalb sinngemäß „naturharte Stähle" oder „Selbsthärter". Sie bilden damit in bezug auf die kritische Geschwindigkeit den äußersten Gegensatz zu den reinen Kohlenstoffstählen, den „Wasserhärtern", während die Öl- und Lufthärter dazwischen liegen.

Martensitische Stähle werden heute nur noch wenig benutzt; man erhält sie durch einen mittelhohen Gehalt von Mangan, Nickel oder Chrom oder mehreren dieser Stoffe, wobei der Kohlenstoffgehalt für die Höhe maßgebend ist (siehe weiter unten).

3. **Austenitische Stähle.** Sie sind bei Raumtemperatur austenitisch, d. h. bestehen aus Mischkristallen von γ-Eisen und Kohlenstoff mit Legierungsmetallen, wie sie bei reinen Kohlenstoffstählen nur bei Temperaturen über 720° vorkommen. Ihre Entstehung erklärt sich dadurch, daß die Legierungsmetalle — meist in großer Menge — die Umwandlungen unterdrücken. Infolge des γ-Eisens sind austenitische Stähle unmagnetisch; sie sind ferner **unhärtbar** und meist nicht sehr hart. Wegen der Form der Mischkristalle heißen sie auch wohl „polyedrische Stähle".

Austenitisches Gefüge kann schon durch Zusatz von 2% Mangan zu hoch gekohltem oder von 10% Nickel zu mittelhoch gekohltem Stahl erhalten werden, allerdings nur durch schroffes Abschrecken. Ja, es kann sogar bei gewöhnlichem Kohlenstoffstahl infolge des nie fehlenden Mangangehaltes etwas Austenit beim Härten entstehen. Dieser durch Abschrecken erzeugte Austenit ist aber wenig beständig: beim Anlassen geht er in Martensit über (wodurch die Stähle auch härter werden).

Bei hochhaltigen Nickel-, Chrom- und Chromnickelstählen erhält man Austenit auch bei langsamem Abkühlen, der nun sehr beständig ist. Die hochhaltigen Chrom-Nickelstähle sind nicht nur unmagnetisch, sondern auch rostfrei. Der 36%ige Nickelstahl (Invar) hat praktisch keine Wärmeausdehnung, während der 30%ige bei gewöhnlicher Temperatur magnetisch, bei 100° dagegen unmagnetisch ist. Hochschmelzende, hochchrom- und chromwolframlegierte austenitische Stähle haben sehr hohe Warmfestigkeit (noch bei 900° und höher).

4. **Doppelkarbid- oder Ledeburitstähle.** Sie entstehen durch Zusatz von Wolfram, Chrom, Molybdän oder Vanadin oder meist durch mehrere dieser Metalle. Der Gehalt an ihnen kann gering sein bei sehr hohem Kohlenstoffgehalt, muß hoch sein bei geringem (s. weiter unten).

Da die Ledeburitkarbide sehr hart und nicht lösbar sind (im Gegensatz zum gewöhnlichen Zementit), kommt für ein gutes, bearbeitbares Gefüge alles darauf an, sie in feiner gleichmäßiger Verteilung zu erhalten. Dazu müssen richtiges Gießen, sorgfältiges Durchschmieden und Glühen zusammenwirken.

Ledeburitstähle kommen fast nur als Werkzeugstähle in Betracht. Sie werden in Öl, Luft oder dgl. gehärtet, da sie eine geringe kritische Geschwindigkeit haben. Das gehärtete Gefüge, das als Grundmasse aus Austenit und Martensit besteht, enthält noch die sehr harten Doppelkarbide, die dadurch die Schneidhaltigkeit stark beeinflussen (s. auch Abschnitt 66).

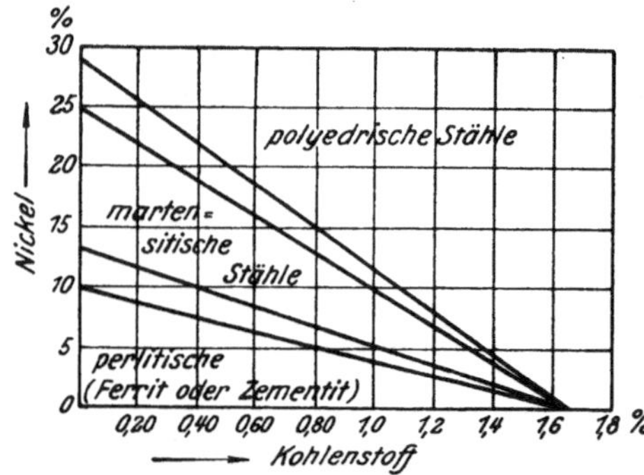

Abb. 65. Strukturschaubild der Nickelstähle.

Wie durch Zusammenwirken der Gehalte an Kohlenstoff und Legierungsmetall die verschiedenen Strukturtypen entstehen, das soll am Beispiel der Nickel- und der Wolframstähle gezeigt werden.

Abb. 65 ist das **Strukturschaubild** (nach **Guillet**) der **Nickelstähle**: auf der Waagerechten ist der C-Gehalt, auf der Senkrechten der Ni-Gehalt aufgetragen. Die Geraden begrenzen die Felder für die Gehalte an C und Ni, die perlitische, martensitische oder polyedrische (austenitische) Stähle ergeben. Verfolgt man z. B. die Waagerechte eines Stahles mit 5% Ni, so sieht man, daß der Stahl mit 0,4% C perlitisch, mit 1,2% martensitisch und mit 1,6% polyedrisch (austenitisch) ist. Oder verfolgt man die Senkrechte eines Stahles mit 0,4% C, so sieht man, daß er mit 5% Ni perlitisch, mit 15% martenistisch, mit 25% polyedrisch ist.

Abb. 66 ist das Strukturschaubild der Wolframstähle (nach Oberhoffer-Rapatz-Daeves), sinngemäß aufgebaut wie Abb. 65. Verfolgt man die schräge Gerade durch den Stahl mit 1,2% C, so sieht man, daß der Stahl mit 3% W perlitisch (überperlitisch) ist und mit 6% ledeburitisch. Oder verfolgt man die Waagerechte durch den Stahl mit 6% W, so sieht man, daß er mit 0,2% C unterperlitisch (Perlit und Ferrit), mit 0,8% überperlitisch (Perlit und Karbid) und mit 1,2% ledeburitisch ist.

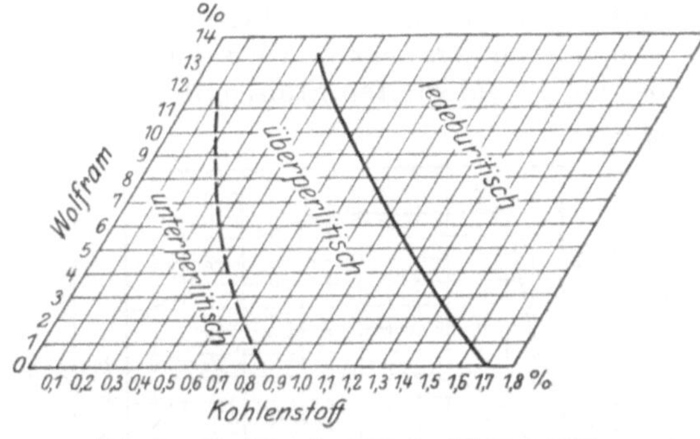

Abb. 66. Strukturschaubild der Wolframstähle.

Die oben erwähnten vier Strukturtypen kommen vielfach gemischt vor, wie auch die Felder zwischen der 1. und 2. und der 3. und 4. Geraden in Abb. 65 Übergangsfelder mit gemischten Strukturformen sind. So kann ein ledeburitischer Stahl sowohl perlitisch wie auch austenitisch oder martenistisch sein und ein grundsätzlich perlitischer etwas austenitisch usw.

B. Legierte Baustähle.

59. Übersicht. Die Hauptaufgabe des Legierens der Baustähle ist es, die Schlagzähigkeit und die Festigkeit bzw. Streckgrenze zu erhöhen und in zweiter Linie die Feuerempfindlichkeit herabzusetzen. Daher ist Nickel das wichtigste Legierungsmetall für Baustähle. Häufiger noch als allein, kommt es zusammen mit Chrom im Stahl vor. Weiter legiert man Baustähle mit Chrom allein, mit Silizium, Mangan, Vanadin und auch mit mehreren dieser Metalle, doch spielen alle diese Stähle heute noch eine untergeordnete Rolle gegenüber den Nickel- und Chromnickelstählen, so daß es genügt, besonders auch mit Rücksicht auf die Warmbehandlung, diese hier näher zu betrachten.

Von wenigen Ausnahmen — meist außerhalb des eigentlichen Maschinenbaues — abgesehen, sind die Baustähle perlitisch. Sie haben daher nur einen geringen Gehalt an Legierungsmetallen, der 5—6% insgesamt nicht überschreitet.

60. Die Nickelstähle. Der Gehalt an Nickel ist selten über 5, meist unter 4%. Dieser geringe Gehalt ist, abgesehen von einer Erhöhung der Zähigkeit, von nicht sehr großem Einfluß auf den rohen Stahl. Doch darauf kommt es auch wenig an, weil Nickel- und auch Chromnickelstähle kaum je

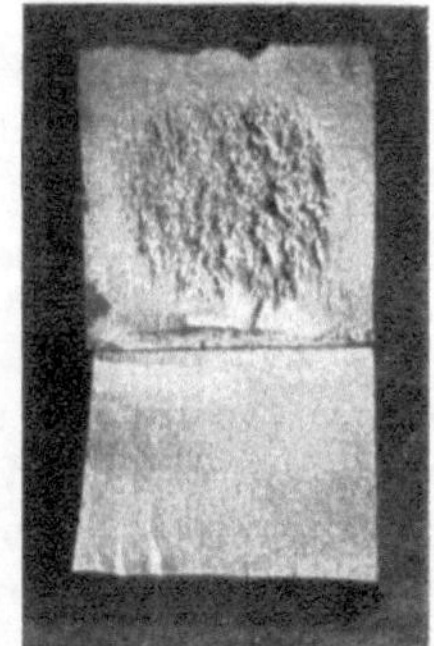
Abb. 67. Durchhärtender (unten) und nicht durchhärtender Stahl.

roh, sondern fast immer nur vergütet oder einsatzgehärtet verwendet werden. Der Grund für diese Behandlung liegt aber gerade beim Nickelgehalt, weil er auf die Warmbehandlung und damit auf die mechanischen Gütewerte sehr günstig einwirkt. Einmal setzt Nickel die kritische Geschwindigkeit herab, so daß der Stahl besser durchhärtet als unlegierter, sodann verringert Nickel die Feuerempfindlichkeit des Stahles, indem es die Vergröberung des Kornes bei langem Glühen oder hoher Glühtemperatur hintanhält.

Die durchhärtende Wirkung eines kleinen Nickel- (oder Chrom-)Gehaltes im

Gegensatz zum unlegierten Stahl zeigt Abb. 67 an frischen Brüchen in natürlicher
Größe.

Vergüten der Nickelstähle. Schon durch Ausglühen können die mechanischen Gütewerte der rohen Stähle erheblich verbessert werden, in viel höherem
Maße aber noch durch Vergüten, also Abschrecken (Härten) und Anlassen.
Was hierbei erreicht werden kann, das geht erheblich hinaus über das, was
bei einem unlegierten Stahl mit gleichem Kohlenstoffgehalt möglich ist. Besonders groß ist die Zunahme der Kerb-
zähigkeit, die bis auf das Dreifache
und mehr gesteigert werden kann.
Der Kohlenstoffgehalt der vergüt-
baren Nickelstähle bewegt sich
zwischen 0,25 und 0,4%, der Nickelgehalt zwischen 1,5 und 5%. Abgeschreckt werden sie aus 810—850°
in Öl, angelassen je nach der ge-
wünschten Streckgrenze bzw. Zähigkeit, meist zwischen 400 und 650°.

Abb. 68 zeigt die Gütewerte der
Festigkeit, Streckgrenze, Dehnung,
Einschnürung, spezifischen Schlagarbeit und Brinellhärte eines Stahles
mit etwa 0,35% C und 1,5% Ni, der
von 800° in Öl abgeschreckt und
dann auf Temperaturen bis 700°
angelassen wurde. Bemerkenswert
ist die gegenüber Abb. 43 günstige
spezifische Schlagarbeit, die bei
650° ihren Höchstwert erreicht.

Einsatzhärten der Nickel-
stähle. Zum Einsatzhärten macht
Nickel den Stahl ganz besonders
geeignet, weil es, wie oben bereits
erwähnt, die Vergröberung des Kornes durch die lange Glühdauer und
hohe Temperatur des Einsetzens

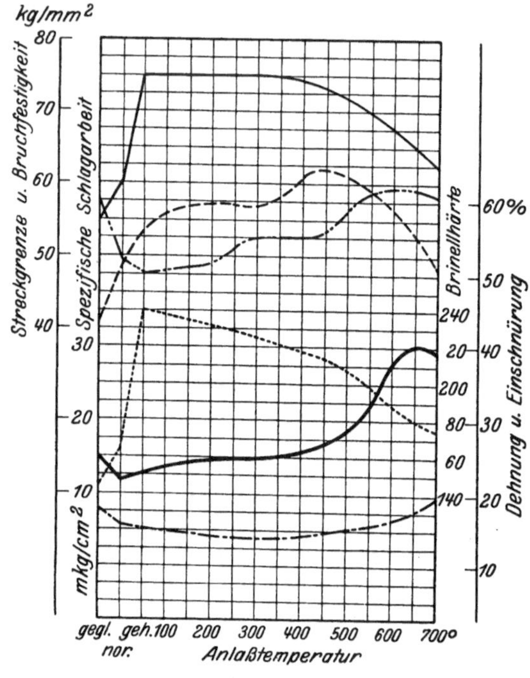

———————: Bruchfestigkeit   —·—·—·—: Dehnung
- - - - - - - - - : Streckgrenze   —··—··—: Einschnürung
················ : Brinellhärte   ————————: spez. Schlagarbeit

Abb. 68. Einfluß der Anlaßtemperaturen auf die Gütewerte
eines Stahls mit 0,35% C und 1,5% Ni.

stark vermindert und weil es die zementierte Schicht allmählicher in den Kern
übergehen läßt. Will man daher einen Einsatzstahl mit besonders guter Zähigkeit
im Kern haben, so nimmt man Nickelstahl. Auch die Streckgrenze des Kerns ist
nach dem Rückfeinen wesentlich günstiger als bei dem gleichen unlegierten Stahl.
Beträgt sie bei diesem z. B. 40 kg/mm² (entsprechend etwa 0,1—0,15% C), so kann
sie bei Nickelstahl bis auf 70 kg/mm² und mehr steigen, je nach dem Ni-Gehalt.

Der Nickelgehalt ist meist unter 5%. Für den Gehalt an Kohlenstoff und die
anderen Begleitstoffe gilt das, was in Abschnitt 49 über die unlegierten Einsatzstähle gesagt ist, und auch Rückfeinen und Härten spielen sich grundsätzlich
ebenso ab: eingesetzt wird bei 850—880°, gehärtet bei 760—780° bei niedrigem
Nickelgehalt (bis etwa 3%) in Wasser, sonst in Öl. Einen Nachteil hat der Nickelgehalt für das Einsetzen: er verlangsamt die Aufnahme des Kohlenstoffes, so daß
Dauer und Kosten des Einsetzens wachsen.

Abb. 69 zeigt den Bruch eines gut im Einsatz gehärteten Nickelstahles.

Bemerkenswert ist es, daß der Nickelgehalt die Möglichkeit gibt, die zementierte Schicht ohne Abschrecken zu härten. Wie früher besprochen und aus dem Schaubild Abb. 65 zu ersehen ist, kann Nickelstahl allein durch Zufuhr von Kohlenstoff martensitisch werden. Das kann beim Einsetzen geschehen und damit ist nach langsamem Abkühlen die Schicht hart. Derartige Stähle werden noch kaum benutzt, obwohl sie den Vorzug haben, sich wenig zu verziehen; aber ungewollt werden Teile aus Nickel- (und Chromnickel-)Stahl zuweilen nach dem Einsetzen hart. Über die genormten Nickelstähle s. Tabelle 7 S. 54.

61. Die Chromnickelstähle. Chrom setzt noch mehr als Nickel die kritische Geschwindigkeit herab und erhöht damit die Durchhärtung sehr stark; aber auch im geglühten Stahl erhöht es die Härte und Festigkeit, während es die Dehnung herabsetzt. Obwohl reine Chromstähle verhältnismäßig billig sind und auch gute Eigenschaften haben, werden sie in Deutschland nur wenig benutzt, im Gegensatz zu den Vereinigten Staaten. In Deutschland werden

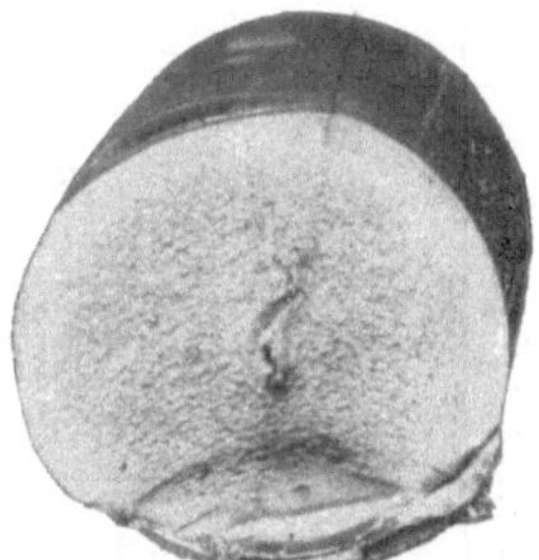

Abb. 69. Nickelstahl, im Einsatz gehärtet.

trotz des hohen Preises überwiegend Chromnickelstähle benutzt, weil sie hohe Zähigkeit mit hoher Festigkeit und Streckgrenze vereinigen. Sie werden ebenso wie die Nickelstähle immer vergütet oder einsatzgehärtet. Der Chromgehalt hält sich fast immer unter 1%, während Nickel- und Kohlenstoffgehalt nach den Anforderungen wechseln.

Die starke Durchhärtung infolge des Chroms macht es möglich, alle mit Chrom legierten Stähle auch bei den niedrigsten Nickel- und Kohlenstoffgehalten in Öl zu härten. Da Chrom aber den Haltepunkt Ac_1 erhöht, so muß die Härtetemperatur höher liegen als bei chromlosen Stählen.

Die Chromnickelstähle sind die hochwertigsten Baustähle

Vergüten der Chromnickelstähle. Besonders für starke Querschnitte sind die Chromnickelstähle den Nickelstählen vorzuziehen. Sie erreichen erheblich höhere Festigkeit, Streckgrenze und Härte und laufen deshalb auch besser in den Lagern.

Der Kohlenstoffgehalt bewegt sich zwischen 0,25 und 0,4%, der Nickelgehalt zwischen 1,5 und 5%. Abgeschreckt werden sie von 820÷850°, angelassen meist zwischen 500 und 650°.

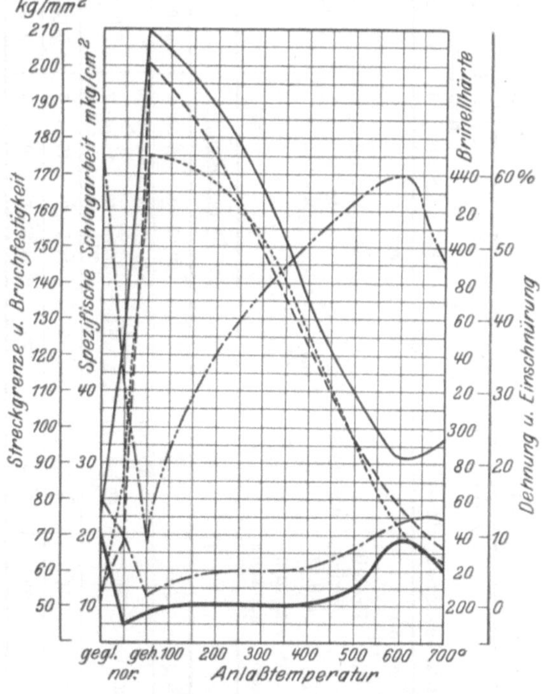

——————: Bruchfestigkeit   —·—·—: Dehnung
----------: Streckgrenze   —··—··—: Einschnürung
··············: Brinellhärte   ——————: spez. Schlagarbeit

Abb. 70. Einfluß der Anlaßtemperaturen auf die Gütewerte eines Stahls mit etwa 0,35 % C, 3,5 % Ni und 0,75 % Cr.

Abb. 70 zeigt die Gütewerte der Festigkeit, Streckgrenze, Einschnürung, Dehnung, spez. Schlagarbeit und Brinellhärte eines Stahles mit etwa 0,35% C, 3,5% Ni

Tabelle 7. Die genormten Nickel- und Chromnickelstähle nach DIN 1662.

Bezeichnungen: E = Einsatzstähle   V = Vergütungsstähle
w = weich   h = hart
Reinheitsgrad: Phosphor und Schwefel nicht mehr als je 0,035%, zusammen nicht mehr als 0,06%*

Marken-bezeich-nung	geglüht		gehärtet bzw. vergütet				Chemische Zusammensetzung in %				
	Brinell-härte H kg/mm² höchstens	Brinell-festig-keit** kg/mm² höchstens	Zugfestigkeit σ_B kg/mm²	Streck-grenze σ_S in % der Zug-festigkeit min-destens	Bruchdehnung† in % gehärtet δ_5	δ_{10}	Kohlenstoff C	Nickel Ni	Chrom Cr	Mangan Mn	Silizium Si höchstens
Einsatzstähle											
EN 15	162	55	60 bis 80 Wasser	65	20 bis 10	15 bis 8	0,10 bis 0,17	1,5 ± 0,25	höchstens 0,2	höchstens 0,5	0,35
ECN 25	206	70	80 bis 100 Öl 90 bis 110 Wasser	70 Öl 75 Wasser	20 bis 14 Öl 16 bis 10 Wasser	14 bis 10 Öl 12 bis 7 Wasser	0,10 bis 0,17	2,5 ± 0,25	0,75 ± 0,2	höchstens 0,5	0,35
ECN 35	220	75	90 bis 120 Öl	75	16 bis 9	12 bis 6	0,10 bis 0,17	3,5 ± 0,25	0,75 ± 0,2	höchstens 0,5	0,35
ECN 45	240	83	120 bis 140 Öl	75	14 bis 7	10 bis 5	0,10 bis 0,17	4,5 ± 0,25	1,1 ± 0.2	höchstens 0,5	0,35
Vergütungsstähle											
VCN 15 w	206	70	65 bis 75	65	24 bis 18	16 bis 13	0,25 bis 0,32	1,5 ± 0,25	0,5 ± 0,2	0,4 bis 0,8	0,35
VCN 15 h	206	70	75 bis 85	70	22 bis 16	15 bis 12	über 0,32 bis 0,4	1,5 ± 0,25	0,5 ± 0,2	0,4 bis 0,8	0,35
VCN 25 w	220	75	70 bis 85	70	20 bis 14	14 bis 10	0,25 bis 0,32	2,5 ± 0,25	0,75 ± 0,2	0,4 bis 0,8	0,35
VCN 25 h	220	75	80 bis 95	70	16 bis 10	12 bis 8	über 0,32 bis 0,4	2,5 ± 0,25	0,75 ± 0,2	0,4 bis 0,8	0,35
VCN 35 w	235	80	75 bis 90	75	20 bis 14	14 bis 10	0,2 bis 0,27	3,5 ± 0,25	0,75 ± 0,2	0,4 bis 0,8	0,35
VCN 35 h	235	80	90 bis 105	75	16 bis 10	12 bis 8	über 0,27 bis 0,35	3,5 ± 0,25	0,75 ± 0,2	0,4 bis 0,8	0,35
VCN 45	265	90	100 bis 115 ††	80	15 bis 9	10 bis 6	0,3 bis 0,4	4,5 ± 0,25	1,3 ± 0,2	0,4 bis 0,8	0,35

* Bei saurem Stahl sind je nach Vereinbarung höhere Gehalte an Phosphor und Schwefel zulässig.
** Berechnet aus der Brinellhärte H·0,34; maßgebend ist der Zugversuch.
† Die angegebenen Dehnungswerte sind Mindestwerte, wobei der niedrigste Dehnungswert dem höchsten Zugfestigkeitswert entspricht.
†† Der Stahl VCN 45 kann auch für Lufthärtung mit einer Festigkeit von etwa 160 kg/mm² verwendet werden.
Als Sonderstahl für ausbohrbare im Einsatz gehärtete Spindeln kommt ein Stahl mit folgenden Richtwerten in Frage:
C = 0,10 bis 0,17%, Ni = 3,5 ± 0,25%, Cr = höchstens 0,1%.

und 0,75% Cr, der von 800° in Öl abgeschreckt und dann auf Temperaturen bis 700° angelassen wurde. Bemerkenswert sind die infolge des Chromgehaltes sehr hohen Werte der Festigkeit, Streckgrenze und Brinellhärte nach dem Abschrecken und ihr starkes Fallen mit der Anlaßtemperatur. Einschnürung, Dehnung und spez. Schlagarbeit haben bei 600 bzw. 650° einen Höchstwert. Für einen Chromnickelstahl mit erheblich geringerem C-Gehalt, so daß er sowohl zum Vergüten wie Einsatzhärten genommen werden kann, zeigt Abb. 71 die Gütewerte. Der Stahl enthält neben 0,15% C etwa 4,5% Ni und 0,75% Cr.

Während Abb. 72 die zähe und sehnige Struktur eines gut vergüteten Chromnickelstahles am frischen Bruch in natürlicher Größe erkennen läßt, zeigen Abb. 73 und 74 in 300facher Vergrößerung das Gefüge eines mit 2% Ni und 1,2% Cr legierten Stahles von 0,35% C im geglühteten und vergüteten Zustande. Die außerordentliche Verfeinerung ist deutlich zu sehen. Es werden auch Chromnickelstähle hergestellt, die beim Abkühlen in bewegter Luft sehr fest und hart werden, wenn auch nicht glashart. Man benutzt sie wohl, um das immerhin umständliche Einsatzhärten zu ersparen. Diese Lufthärter enthalten etwa 0,3÷0,4% C, 1,2 bis zu 1,6% Cr, 4÷5% Ni; sie sind sehr empfindlich bei der Warmbehandlung.

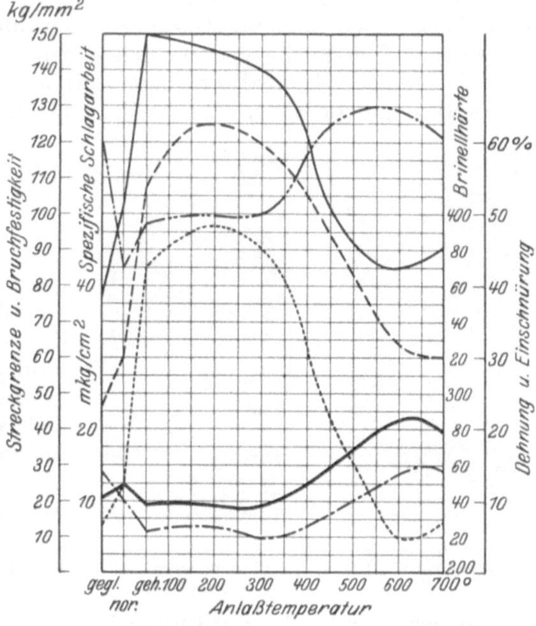

Abb. 71. Einfluß der Anlaßtemperaturen auf die Gütewerte eines Stahls mit etwa 0,15 % C, 4,5 % Ni und 0,75 % Cr.

Einsatzhärten der Chromnickelstähle. Der günstige Einfluß des Nickels bleibt bestehen; hinzu kommt die wesentlich höhere Festigkeit und Streckgrenze im Kern, ohne daß die Zähigkeit stark abnähme.

Der Gehalt an Kohlenstoff, Nickel und den anderen Bestandteilen ist wie bei den Nickel- bzw. den unlegierten Einsatzstählen.

Die Temperatur beim Einsetzen ist 820÷850°, die des Härtens 780÷800°, wobei in Öl abgeschreckt wird.

Über die genormten Chromnickelstähle s. Tabelle 7.

C. Legierte Werkzeugstähle.

62. Übersicht. Die Aufgabe, Werkzeugstähle zu legieren, ist nicht so einfach und einheitlich wie die,

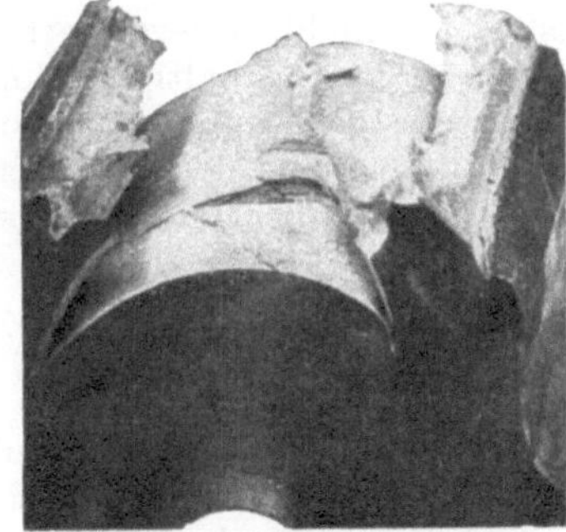

Abb. 72. Bruch eines vergüteten Chromnickelstahls.

legierte Baustähle zu schaffen, da Werkzeuge entsprechend ihrem vielseitigen Verwendungszweck sehr verschiedenartige Aufgaben haben.

So sind es bei **Schneidwerkzeugen**, wie Schneidstählen, Bohrern, Fräsern usw., vor allem die Schnittfähigkeit und die Schneidhaltigkeit für große Schnittgeschwindigkeit, die erhöht werden sollen, bei **Warmpreß- und Schlag-Gesenken** die Warmfestigkeit und Härte neben großer Zähigkeit und guter Bearbeitbarkeit im geglühten Zustand, bei **Kalt-Stanzwerkzeugen** hohe Schneidhaltigkeit, neben manchmal großer Bruch- und Biegefestigkeit, manchmal großer Widerstandsfähigkeit gegen Verziehen beim Härten. Diese letzte Eigenschaft ist auch für manche Schneidwerkzeuge und **Meßwerkzeuge** von Wichtigkeit, wobei Meßwerkzeuge vor allem höchste Verschleißfestigkeit brauchen. Manche **Spannwerkzeuge** brauchen große Elastizität, wie Patronen und Federn, während **Kugeln und Laufringe**, die auch aus „Werkzeugstahl" hergestellt werden, größte Härte und Durchhärtung nötig haben usw.

×300

Abb. 73.
Chromnickelstahl
vergütet.

×300

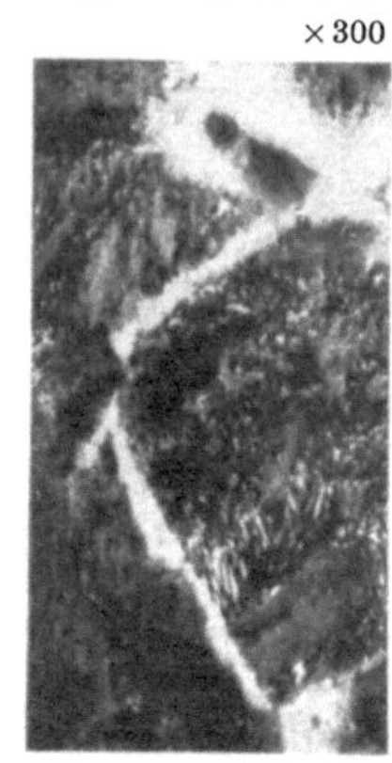

Abb. 74.
Chromnickelstahl
geglüht.

Für Schneidwerkzeuge ist Wolfram das wichtigste Legierungsmetall, das aber häufiger noch als allein zusammen mit Chrom und anderen Metallen für hochlegierten Werkzeugstahl benutzt wird. Schneidwerkzeuge für geringere Zwecke und besonders für kleine Schnittgeschwindigkeit erhalten auch wohl einen bis auf 1,5% erhöhten Mangangehalt, durch den die Härte und Härtbarkeit gesteigert wird.

Warmpreß- und Stanzwerkzeuge werden in der Hauptsache mit Chrom legiert, daneben vielfach mit Nickel und auch Wolfram. Für federnde Werkzeuge ist Silizium besonders wichtig usw.

Werkzeugstähle sind nur bei geringem Gehalt an Legierungsmetallen perlitisch, bei höherem Gehalt manchmal martensitisch, bei hohem Gehalt meist ledeburitisch (doppelkarbidisch), während austenitisches Gefüge kaum vorkommt.

Es sollen hier nur die mit Rücksicht auf die Warmbehandlung wichtigsten Gruppen besprochen werden.

63. Die Wolframstähle. Das Strukturschaubild der Wolframstähle ist bereits in Abschnitt 58 erläutert. Die kritische Temperatur der perlitischen Wolframstähle ist nicht erheblich verringert, so daß diese Stähle in Wasser abgeschreckt werden, während die hochhaltigen Wolframstähle in Öl gekühlt werden. Die Umwandlungspunkte werden durch Wolfram nicht wesentlich verschoben, doch liegt Ac_1 meist etwas höher und deshalb auch die Abschrecktemperatur. Wolframstahl wird weniger leicht überhitzt, ist überhaupt nicht so feuerempfindlich wie Kohlenstoffstahl, und gewisse hochhaltige Wolframstähle haben sogar einen ganz ungewöhnlich großen Härtebereich.

Für Schneidwerkzeuge ist die Erhöhung der Schneidhaltigkeit maßgebend für das Legieren mit Wolfram. Bereits weniger als 1% W macht sich bemerkbar, weshalb manchmal dem „Kohlenstoffstahl" besten Gütegrades $^1/_2 \div 1\%$ W zugesetzt werden. Meist bleibt der Gehalt an Wolfram für Schneidwerkzeuge unter $5 \div 6\%$ bei normalem Kohlenstoffgehalt ($1 \div 1,4\%$), doch verwendet man für die Bearbeitung harter Werkstoffe auch Stahl mit etwa 10% W und für sehr harte Werkstoffe (Hartgußwalzen usw.) neuerdings sogar mit 20% W bei 1,4% C. Er wird von etwa 1000° in Öl abgekühlt. Hohe Schnittgeschwindigkeiten wie der Schnellstahl (s. Abschnitt 66) gestatten diese Stähle jedoch nicht, da sie wenig anlaßbeständig sind, ihre Härte vielmehr von etwa 300° an schon wieder stark abnimmt.

Auch für andere als Schneidwerkzeuge werden Wolframstähle benutzt: für auf Schlag und Biegung beanspruchte Werkzeuge ist ein Stahl mit weniger als 1,5% W bei 0,6÷0,8% C geeignet, und für Warmpreß- und Spritzmatrizen werden Stähle mit 8÷10% W bei 0,4÷0,6% C viel verwendet, da sie hohe Warmfestigkeit haben.

64. Die Chromstähle. Charakteristisch für die niedriglegierten (perlitischen) Chromstähle ist die starke Herabsetzung der kritischen Geschwindigkeit, die eine starke Durchhärtung zur Folge hat. Da schon ein recht geringer Chromgehalt diese Wirkung hervorbringt, so beträgt der Gehalt meist unter 1,5%, neben dem sonst nötigen Kohlenstoff. Infolge ihrer geringen kritischen Geschwindigkeit können fast alle Chromstähle in Öl gehärtet werden, was das Verziehen und Entstehen der Spannungen vermindert (s. Abschnitt 69). Ihre Abschrecktemperatur liegt durchweg nicht unerheblich höher als für die gleich hochgekohlten unlegierten Stähle, da Chrom den Haltepunkt Ac_1 nach oben rückt.

Für Schneidwerkzeuge wird Chromstahl verhältnismäßig wenig gebraucht, da er nicht schneidhaltiger, wohl aber wegen der Durchhärtung weniger zähe ist. Nur gerade wenn die Durchhärtung nötig ist, wie bei Gewindebohrern, in die nach dem Härten das Gewinde eingeschliffen wird, oder bei Werkzeugen, die sich wenig verziehen sollen oder für Rasiermesser nimmt man ihn. Besonders viel wird er benutzt für Kugeln und Kugellager (0,9÷1% C und 1÷1,5% Cr) und für Meßwerkzeuge wie „Parallelendmaße". Ferner für Dauermagnete.

Die hochhaltigen Chromstähle sind rostfrei; sie enthalten bei 0,2÷0,6% Kohlenstoff 12÷15% Chrom und werden für rostfreie Messer, chirurgische Instrumente usw. benutzt. Sie werden von 850—950° in Wasser oder von 50° höher in Öl gehärtet. Bei noch höherem Chromgehalt enthalten sie auch Nickel und sind austenitisch.

Stähle mit hohem Chromgehalt (10—14%) und sehr hohem Kohlenstoffgehalt (1,5÷2,5%) sind gut schnitthaltig und verziehen sich beim Härten fast gar nicht. Sie werden daher gern für vielgestaltige, schwer zu schleifende Schnitte, besonders Schnittplatten und Preßformen gebraucht, die weder sehr hohe Wärme noch starke Stöße auszuhalten haben. Ferner für Räumnadeln und Spritzgußformen. Sie werden in Luft oder auch in Öl abgekühlt und manchmal hoch angelassen. Ein Ersatz für Schnellstähle sind sie jedoch nicht (s. Abschnitt 66).

65. Die Chromwolframstähle. Sie haben die gleiche Zusammensetzung und den gleichen Verwendungszweck wie die Wolframstähle, nur daß sie noch rund 1% Chrom enthalten. Sie werden wie die Wolframstähle in Wasser gehärtet. Eine Ausnahme macht der Stahl mit etwa 10% Wolfram, der bis 3% Chrom erhält und von 1000° in Öl oder von 1200° in Luft gehärtet und bis auf 650° angelassen wird. Er wird vorwiegend auch für Warmpreßwerkzeuge verwendet.

66. Die hochlegierten Chromwolframstähle: Die Schnellstähle. Die Schnellstähle sind in den letzten 25 Jahren die wichtigsten Werkzeugstähle geworden, hauptsächlich für Schneidwerkzeuge bei großer Schnittgeschwindigkeit. Oder vielmehr umgekehrt: erst die Einführung der Schnellstähle hat die großen Schnittgeschwindigkeiten möglich gemacht, mit denen heute die Werkstatt arbeitet und arbeiten muß, wenn sie wirtschaftlich arbeiten will. Als Vorläufer der Schnellstähle, die von Taylor 1900 auf der Weltausstellung Paris zuerst gezeigt wurden, ist der Mushet-Stahl anzusehen, ein Selbsthärter, der sein martensitisches Gefüge einem mittleren Gehalt an Wolfram, Chrom und Mangan verdankte (s. Tab. 8 S. 60). Er wurde der Werkstatt in Stangen geliefert, von denen man sich ein Stück durch Schleifen abtrennte, das nach Anschleifen der Schneide fertig zum Gebrauch war.

Wohl war die Leistungsfähigkeit dieser Stähle größer als die der alten unlegierten Stähle, aber durch die weit überragende Leistung der Schnellstähle sind sie heute ganz aus der Werkstatt verdrängt.

Natur der Schnellstähle. Die Schnellstähle sind Ledeburitstähle. Nach dem Glühen bei 780÷880° sind sie so weich, daß sie sehr wohl durch Drehen, Fräsen usw. bearbeitet werden können (wie es ja zur Herstellung von Fräsern, Spiralbohrern usw. nötig ist).

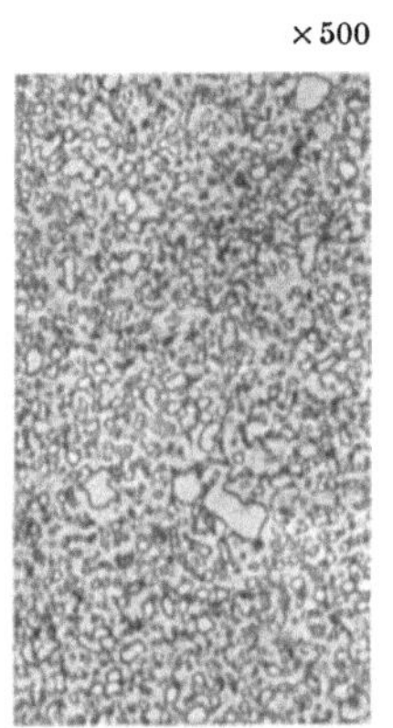

×100

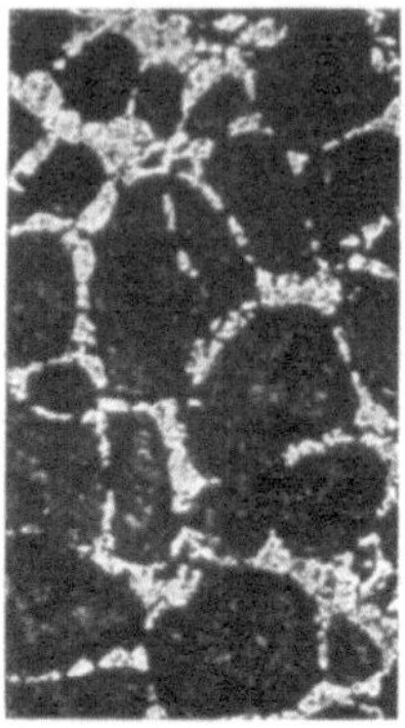

Die Umwandlungstemperaturen sind gegenüber Kohlenstoffstahl stark verschoben, die Umwandlungspunkte in mehrere zersplittert. Die kritische Geschwindigkeit ist so herabgesetzt, daß sie in milde wirkenden Mitteln, wie Preßluft, Tran, Talg, Petroleum gehärtet werden können. Schon aus 900÷1000° abgekühlt, wird Schnellstahl gut hart (600÷650° Brinell), jedoch wächst die Härte mit steigender Abkühltemperatur und besonders wächst die Anlaßbeständigkeit (s. weiter unten). Es wird daher möglichst aus 1250÷1350° gehärtet und dann bei 590÷600° angelassen. In diesen hohen Härte- und Anlaßtemperaturen liegt die Eigenart der Schnellstahlbehandlung, und es ist das unvergeßliche Verdienst des großen amerikanischen Ingenieurs Taylor, sie zuerst gefunden zu haben.

Abb. 75. Roh gegossen. Gefügebild von Schnellstahl.

Geschmiedet wird Schnellstahl bei 1200 bis herab zu höchstens 900°.

Gefügeaufbau. Nach dem Gießen zeigt das Gefüge ein mehr oder minder grobes Ledeburitnetz (Abb. 75), das durch Schmieden zerstört werden muß. Nach dem Glühen (Abb. 76) besteht das Gefüge dann aus einer sorbitischen Grundmasse

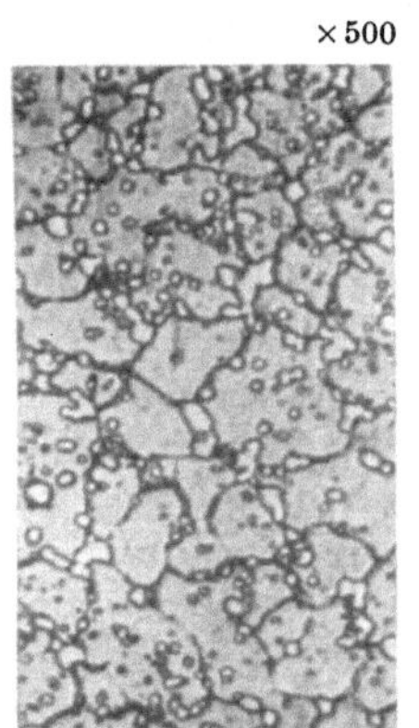

×500

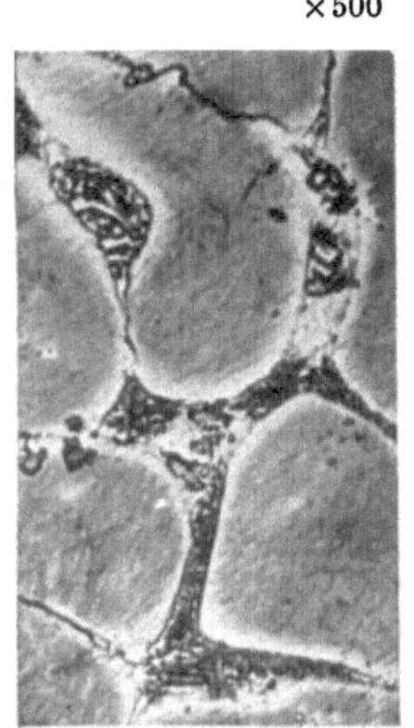

×500

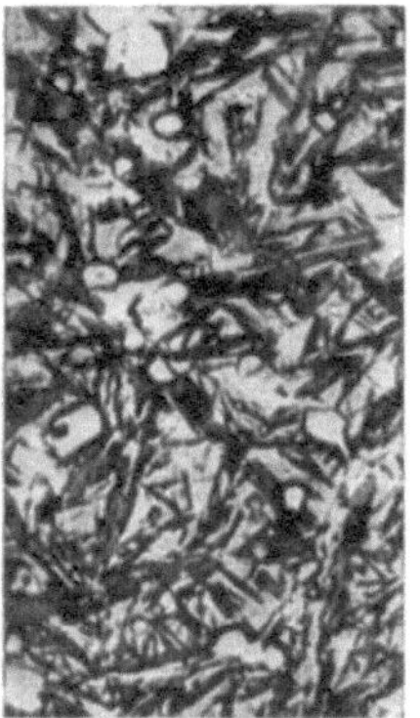

×500

×500

Abb. 76.
Geschmiedet und geglüht.

Abb. 77.
Richtig gehärtet.

Abb. 78.
Überhitzt (verbrannt).

Abb. 79.
Angelassen auf 600°.

Abb. 75—79. Gefügebilder von Schnellstahl.

mit Einschlüssen von Ledeburitkarbiden. Die Grundmasse ihrerseits besteht aus Ferritkristallen mit fein verteilten Karbiden, in beiden ein Teil des Chrom und Wolfram gelöst. Die Größe der Ledeburitkarbide ist erheblich abhängig von den Abmessungen des Stückes. Erhitzt man nun, so lösen sich die feinen Karbide der Grundmasse mit steigender Temperatur allmählich auf und es entsteht eine rein polyedrische Struktur mit um so größeren Polyedern, je höher die Temperatur gesteigert wird. Die Ledeburitkarbide lösen sich dabei aber nicht, so daß man nach dem Härten mehr oder weniger feine Ledeburitkarbide in einer grob polyedrischen

Grundmasse von austenitisch-martensitischer Natur hat (Abb. 77). Die Größe der Polyeder ist charakteristisch für die richtig hohe Abkühltemperatur.

Daß Schnellstahl aber auch überhitzt werden kann — und zwar sowohl durch zu hohe Temperatur wie durch zu langes Verweilen auf der richtigen Temperatur — das zeigt Abb. 78. Hier sind die Ledeburitkarbide bereits zerflossen, und das Gefüge hat die Gußstruktur wieder angenommen.

Läßt man nun den richtig abgeschreckten Stahl an, so geht allmählich der Austenit in Martensit über, bis man bei 600° rein martensitische Grundmasse hat (Abb. 79).

Leistungsfähigkeit und Gefüge. Die Leistungsfähigkeit des Schnellstahls hängt einmal von seiner Härte und Verschleißfestigkeit ab, sodann von seiner Anlaßhärte (Härtebeständigkeit). Die Verschleißfestigkeit ist eine Folge der sehr hohen Härte der Ledeburitkarbide, die auch im gehärteten Stahl ungelöst in der gehärteten Grundmasse liegen. Es ist deshalb wichtig, daß diese Karbide möglichst fein und gleichmäßig verteilt sind, was das Stahlwerk durch richtiges Gießen und Schmieden erreichen muß.

Die Anlaßhärte (s. folgenden Abschnitt) scheint eine Folge der im Eisen der Grundmasse gelösten Gehalte an Chrom und Wolfram und besonders an Karbiden zu sein, weshalb es wichtig ist, daß möglichst viel dieser Karbide gelöst sind.

Anlaßhärte (Rotgluthärte). Darunter versteht man die Eigenschaft des Schnellstahls, die durch Härten erlangte Verschleißfestigkeit und Härte beim Anlassen nicht schnell wieder zu verlieren (wie unlegierter Stahl es tut), sondern sie bis zu hohen Temperaturen, u. U. bis zur Rotglut verhältnismäßig gut zu bewahren.

So erhält Schnellstahl die Fähigkeit, hohe Schnittgeschwindigkeiten besonders auch beim Schruppen zu ertragen. Denn die Wärme, die stets beim Zerspanen entsteht und die Schneide anläßt, ist um so größer und demgemäß die Anlaßtemperatur um so höher, je größer die Schnittgeschwindigkeit ist. Man kann deshalb die Schnittgeschwindigkeit um so mehr steigern, ohne die Lebensdauer der Schneide zu verringern, je weniger der Stahl durch das Anlassen an Härte verliert.

Während man Spanquerschnitt und Schnittgeschwindigkeit bei Werkzeugen aus gewöhnlichem Kohlenstoffstahl höchstens so hoch wählen darf, daß die Temperatur an der Schneide 150—200° wird und während man für Selbsthärter nicht über 300—400° hinausgehen darf, kann man für Schnellstahl 500—700° zulassen. Nicht zu harten Werkstoff, wie z. B. weichen Flußstahl, kann Schnellstahl noch schneiden, wenn seine Schneide rot glüht. Daraus erhellt, weshalb Schnellstahl gerade beim Schruppen so außerordentlich viel leistet, 10- bis 15 mal soviel wie gewöhnlicher Kohlenstoffstahl.

Vor dem Anlassen ist allerdings die Härte von Schnellstahl kleiner als von unlegiertem Stahl mit 1,2÷1,4% C, der, richtig gehärtet, am Skleroskop 95 bis 105 Punkte zeigt gegenüber nur 70÷90 von Schnellstahl. Die Überlegenheit des Schnellstahls aber mit wachsender Anlaßtemperatur zeigt Abb. 80. Die Kurven für Schnellstahl zeigen nicht nur das Wiederansteigen der Härte bei 600°, sondern zeigen auch, daß es von der Abschrecktemperatur

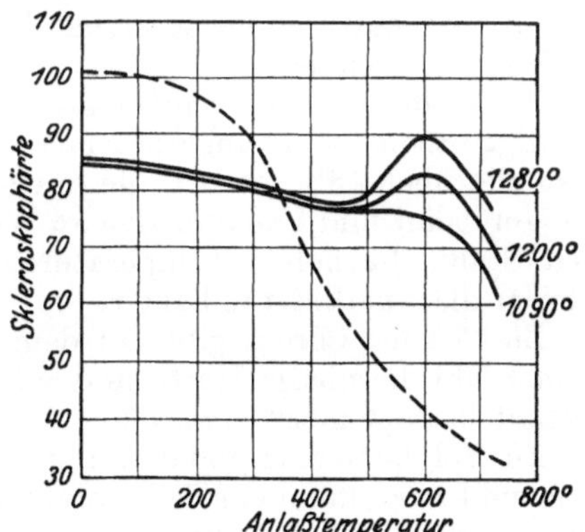

Abb. 80. Anlaßhärte von Schnellstahl (————) und Kohlenstoffstahl (— — — —).

abhängig ist: nur der von 1280° abgeschreckte Stahl hat es in starkem Maße, weniger der von 1200° und gar nicht der von 1090° abgeschreckte.

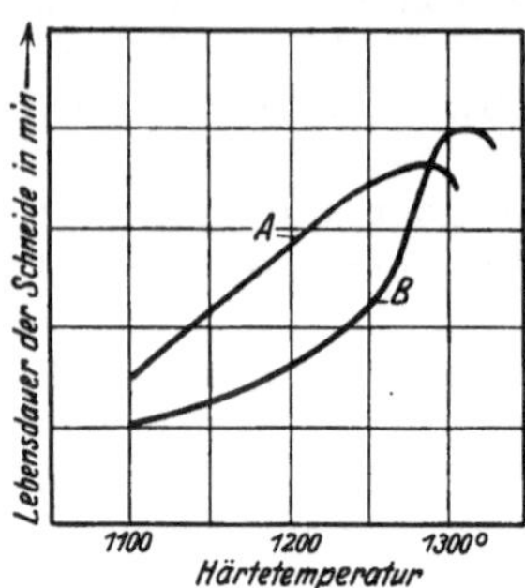

Abb. 81. Lebensdauer (Leistungsfähigkeit) von Schnellstahl.
A.: Stahl mit 17% W u. 0,3% V
B.: Stahl mit 22% W u. 1% V

Wenn nun auch Härte und Leistungsfähigkeit des Schnellstahls durchaus nicht einfach proportional sind (s. Abschnitt 8) und außerdem die Werte der Abb. 80 jedesmal erst nach dem Wiedererkalten des Stahls festgestellt sind, so darf man doch wohl in dem Wiederansteigen der Anlaßkurve den Hauptgrund für die Leistungsfähigkeit bei hoher Schnittgeschwindigkeit erblicken und besonders auch für die Überlegenheit des von der höchsten zulässigen Temperatur abgeschreckten Stahls. Unmittelbar nach Versuchen zeigt dann Abb. 81 den Zusammenhang zwischen Härtetemperatur und Leistungsfähigkeit bzw. Lebensdauer der Schneide.

Zusammensetzung der Schnellstähle. In der Tabelle 8 ist neben der Zusammensetzung des Mushet-Stahls und des älteren Taylor-Schnellstahls die der neueren Schnellstähle angegeben. Statt der Analyse einzelner bestimmter Stähle ist der Gehalt an allen wichtigen Stoffen in den Grenzen angegeben, die wohl von allen wirklichen Schnellstählen eingehalten werden.

Tabelle 8. Zusammensetzung hochlegierter Werkzeugstähle.

	Kohlenstoff %	Wolfram %	Chrom %	Molybdän %	Vanadin %	Kobalt %	Mangan %	Silizium %
Mushet-Stahl...	1,2÷2,4	5÷10	0,05÷3	—	—	—	1÷3	0,5÷1
Taylor - Schnellstahl...	1,8	8	3,8	—	—	—	0,3	0,15
Schnellstähle...	0,6÷0,8	14÷24	3÷7	0÷3	0÷3	0÷20	0,1÷0,5	0,2÷1

Dazu ist zu bemerken:

Zu Kohlenstoff: ein höherer Gehalt würde die Widerstandsfähigkeit gegen die hohen Temperaturen herabsetzen, der Stahl würde grobkörnig und spröde werden und leichter schmelzen.

Zu Wolfram: mit weniger als 14% Wolfram kann ein Stahl heute nicht als richtiger Schnellstahl angesprochen werden. Die hochwertigen Schnellstähle haben fast alle über 18%, wobei allerdings zu beachten ist, daß besonders der Gehalt an Molybdän und Vanadin den an Wolfram z. T. ersetzen kann. Wolfram befähigt den Stahl, die hohen Temperaturen zu ertragen und gibt zusammen mit dem Chrom die Anlaßbeständigkeit.

Zu Chrom: Chrom gibt bei dem verhältnismäßig geringen Kohlenstoffgehalt dem Stahl die nötige Härte und setzt die kritische Geschwindigkeit herab. Sein Gehalt beträgt meist etwa 5%.

Zu Molybdän: Molybdän verleiht dem Stahl ähnliche Eigenschaften wie Wolfram und zwar kann ein Teil Molybdän etwa 2—3 Teile Wolfram ersetzen. Jedoch sind stark molybdänhaltige Stähle erheblich empfindlicher in der Warmbehandlung (Molybdän oxydiert leicht zu Molybdänsäure). Während des Krieges wurde Wolfram zum großen Teil durch Molybdän ersetzt (bis zu 8%), heute ist selten über 1% im Stahl enthalten.

Zu Vanadin: es dient zunächst als ausgezeichnetes Desoxydationsmittel dazu, einen von oxydischen Einschlüssen und Gasblasen freien Stahl herzustellen, der dadurch zäh und unempfindlicher gegen Warmbehandlung wird. Darüber hinaus aber erhöht Vanadin auch unmittelbar die Schneidhaltigkeit und zwar wächst der Einfluß mit Abnahme des Wolframgehaltes, so daß ein hochwertiger Schnellstahl mit weniger als etwa 18% Wolfram durch ausreichenden Vanadingehalt (2%) erzielt werden kann. Bei Wolframgehalt über 18% ist der Vanadingehalt meist $1 \div 1,5\%$.

Zu Kobalt: es erhöht die Schneidhaltigkeit, doch hängt die Wirkung stark von der Zusammensetzung des Stahls ab. Besonders die Gegenwart von Vanadin scheint günstig zu sein. Nur bestimmte Marken enthalten Kobalt.

IX. Formänderungen und Spannungen.

A. Volumänderungen.

67. Ursachen der Volumänderungen. Drei Ursachen können Volumänderungen hervorrufen: 1. Äußere Kräfte bzw. Spannungen. 2. Änderung der im Körper herrschenden Temperatur. 3. Änderung des Kleingefüges des Körpers.

Zu 1. Spannungen: Wird ein Körper, z. B. eine Kugel, einem allseitigen Druck unterworfen, so vermindert sich sein Volumen. Umgekehrt wird dieses größer, wenn er allseitig gezogen wird. Auch schon eine einseitige Beanspruchung z. B. eines Stabes auf Zug oder Druck bringt eine Vergrößerung oder Verkleinerung des Volumens hervor. Es ist jedoch zu beachten, daß bei Stahl, wie bei allen Metallen, die Volumänderungen durch Spannungen sehr klein sind, so daß sie fast immer vernachlässigt werden können. Doch ebenso wie nun große Spannungen nur ganz geringe Volumänderungen zur Folge haben, können durch ganz geringe Volumänderungen große Spannungen entstehen, die unter Umständen von größter Bedeutung sind.

Zu 2. Temperaturänderung: Grundsätzlich wächst das Volumen eines Körpers mit der Temperatur und nimmt ab, wenn der Körper erkaltet (vorausgesetzt, daß sich bei diesen Änderungen das Kleingefüge nicht ändert). Wie unten weiter ausgeführt, können Temperaturänderungen jedoch zu Spannungen führen und dadurch oft in unerwarteter Weise das Volumen beeinflussen und es bei dem wieder völlig erkalteten Körper bleibend verändern.

Zu 3. Änderung des Kleingefüges: Es kommen hier nur diejenigen Kleingefüge in Betracht, die bei derselben Temperatur merkbar verschiedenes spezifisches Gewicht haben. Für Stahl sind das hauptsächlich Perlit und Martensit. Wir haben im Abschnitt 39 erfahren, daß Martensit ein erheblich geringeres spezifisches Gewicht hat als Perlit, so daß also dasselbe Stück Stahl im gehärteten Zustand (Kleingefüge: Martensit) ein größeres Volumen hat als ungehärtet (Kleingefüge: Perlit).

B. Spannungen und Formänderungen infolge von Temperaturunterschieden.

68. Wärmespannungen und Formveränderungen im allgemeinen. Solange die Temperatur eines Körpers an jeder Stelle genau gleich ist, können im Körper keine Wärmespannungen entstehen, und die Volumvergrößerung durch die steigende Temperatur geht bei fallender Temperatur wieder zurück, so daß der Körper, wenn er die Anfangstemperatur wieder erreicht hat, auch sein Anfangsvolumen wieder hat und frei von Wärmespannungen ist.

Jedoch ist obige Voraussetzung: völlig gleiche Temperatur an jeder Stelle, bei der Warmbehandlung praktisch unmöglich, vielmehr sind Temperaturunterschiede, wenigstens zeitweise, nicht zu vermeiden. Denn beim Erwärmen eines Körpers werden fast immer die äußere Schicht, Kanten, Vorsprünge und dgl. wärmer sein als der innere Teil, der Kern, und umgekehrt beim Abkühlen, um so mehr, je unregelmäßiger der Körper ist, und je schneller er erwärmt oder abgekühlt wird. Diese Temperaturunterschiede im Körper führen zu Spannungen; denn die wärmeren Teile wollen sich mehr ausdehnen als die mit ihnen verbundenen kälteren und suchen diese mit zu dehnen, bzw. es suchen die kälteren Teile die wärmeren an ihrer Ausdehnung zu hindern. Damit ist aber noch nicht gesagt, daß nach der Warmbehandlung, also wenn der Körper seine Anfangstemperatur (Raumtemperatur) wieder erreicht hat, Spannungen zurückgeblieben sind. Das ist nur dann der Fall, wenn irgendwo die Spannungen die Elastizitätsgrenze überschritten haben. Es treten dann an den Stellen, die über die Elastizitätsgrenze ausgedehnt worden sind, nach dem Erkalten Druckspannungen auf, die nun wieder zu Veränderungen der Form des erkalteten Körpers führen können. Ob auch eine Änderung des Volumens auftritt, hängt von der Spannungsverteilung ab.

Dabei ist zu beachten, daß bei erwärmten Körpern die Elastizitätsgrenze sehr tief liegt, also Formveränderungen, d. h. Dehnungen und Stauchungen, leicht auftreten, aber nach dem Erkalten nur schwer, d. h. nur teilweise, durch das Zusammenziehen der übrigen Teile aufgehoben werden können. Es kann daher ein wieder erkalteter Körper auch mehr oder weniger spannungsfrei sein und doch seine Form erheblich verändert haben. Kühlt man z. B. ein erhitztes dünnes, flaches Stück nicht ganz gleichmäßig ab, so verzieht es sich, weil die noch heißen und darum plastischen Teile den von den früher gekühlten Teilen ausgehenden Kräften nachgeben. Ist schließlich alles gekühlt, so ist das Stück im wesentlichen spannungsfrei, aber krumm. Spannt man aber das noch heiße Stück zwischen zwei ebene Platten und kühlt es dann, so kann es sich auch bei ungleichmäßiger Abkühlung nicht verziehen. Es treten wohl während der ungleichmäßigen Abkühlung Stoffverschiebungen auf, die aber zwangsweise so erfolgen, daß die ursprüngliche Form erhalten bleibt. Das Stück ist auch nach der Abkühlung eben und im wesentlichen spannungsfrei.

Spannungen bleiben nach der Abkühlung dort zurück, wo eine erkaltende Masse eine noch plastische allseitig einschließt, so daß sie nicht ausweichen kann und dort, wo bei einseitiger Kühlung der wärmere Teil immerhin schon so kalt ist, daß seine durch die Zusammenziehung des kühleren Teiles erzwungene Dehnung bereits Spannungen hervorruft.

Erhitzt man einen Körper, der innere Spannungen zurückbehalten hat, nur wenig, so wird der Spannungszustand dadurch wesentlich nicht verändert; erhitzt man ihn aber so hoch, daß der Werkstoff plastisch wird, so verschwinden alle Spannungen und der Körper wird, gleichmäßig wieder abgekühlt, spannungsfrei.

69. Wärmespannungen und Formänderung einzelner Körper beim Erhitzen. Erwärmen einer Kugel. Nehmen wir zunächst den einfachsten Körper an, die Kugel. Die Wärme geht beim Erhitzen von allen Teilen der Oberfläche gleichmäßig nach innen, d. h. sie schreitet in Kugelzonen vor bis zum Mittelpunkt, wie schematisch in Abb. 82 angegeben. Wird in einem Ofen erhitzt, der selbst die für den Körper vorgeschriebene Glühtemperatur hat, so wird nach einiger Zeit die äußere Schicht der Kugel, „die Schale", diese Temperatur angenommen haben, während die innere Schicht, „der Kern", noch kühler ist, um so mehr, je mehr er innen liegt. Infolgedessen wird die Schale in ihrem Bestreben, sich ihrer Temperatur gemäß auszudehnen, durch den Kern gehindert, der sich entsprechend seiner geringeren Temperatur nur weniger ausdehnen möchte. Dadurch entstehen im Innern der Kugel Spannungen, und zwar in der Schale, die durch den Kern

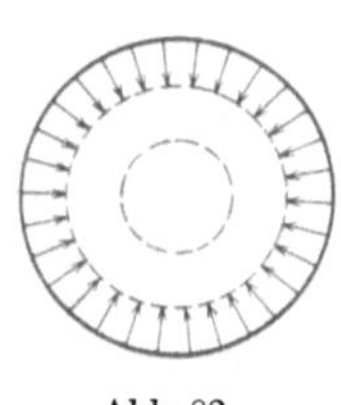

Abb. 82.
Erwärmen einer
Kugel.

zurückgehalten wird, im wesentlichen Druckspannungen, im Kern, der durch die Schale herangezogen wird, im wesentlichen Zugspannungen. Wären Schale und Kern zwei getrennte Körper, so würde sich die Schale ungehindert mehr ausdehnen als der Kern, so daß zwischen ihnen ein Spalt entstände. Da sie aber ein einziger Körper sind, so muß die Kugel im ganzen eine mittlere Ausdehnung erfahren, die um so größer ist, je mehr der Einfluß der Schale den des Kerns übertrifft. Da jedoch die Schale wegen ihrer höheren Temperatur weicher und nachgiebiger ist als der Kern, so wird dessen Einfluß überwiegen und in der Schale werden sich durch plastische Verschiebungen die Spannungen verringern.

Nimmt nun schließlich auch der Kern die volle Glühtemperatur an, so werden die Spannungen verschwinden, indem der Kern sich ausdehnt, und zum Schluß wird die Kugel vollkommen spannungslos sein und das Volumen haben, das der Endtemperatur entspricht.

Erwärmen eines Zylinders. Bei zylindrischen oder rechteckigen Körpern sind die Vorgänge beim Erwärmen viel weniger einfach als bei der Kugel, weil bei ihnen die Wärme von der ganzen Oberfläche nicht gleichmäßig nach innen vorschreitet. Denn an den Mantelkanten und an den Ecken, wo Mantel- und Stirnflächen zusammenstoßen, gehört zu einem Stück von bestimmtem Volumen eine größere Oberfläche als an jeder anderen Stelle. Da nun um so mehr Wärme eindringt, je größer die Oberfläche ist, so erwärmen die Ecken und Kanten sich am schnellsten und die Wärme schreitet nicht in zylindrischen bzw. rechteckigen Zonen vor, sondern in elliptischen (eiförmigen), etwa wie schematisch in Abb. 83 durch die Pfeile angedeutet. Im übrigen tritt hier auch wieder derselbe Zustand ein wie bei der Kugel: nach einer gewissen Zeit ist die Schale erheblich wärmer als der Kern, infolgedessen kommt sie unter Druckspannungen, der Kern unter Zugspannungen. Haben dann schließlich Schale und Kern dieselbe hohe Glühtemperatur, so sind alle Spannungen wieder verschwunden, ganz besonders dann, wenn der Stahl so weich geworden ist, daß er Spannungen überhaupt nicht mehr halten kann, sondern durch plastische Formveränderung jeder Spannung ausweicht.

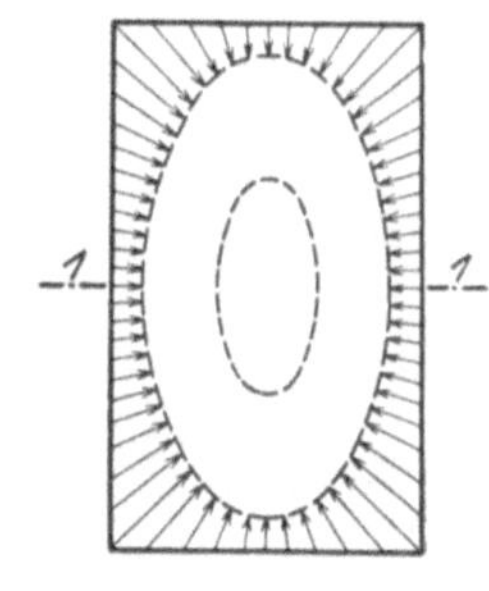

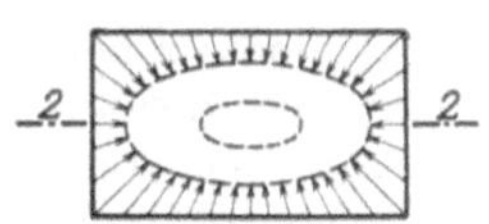

Abb. 83.
Erwärmen eines Zylinders und Rechtkants.

Ist der zylindrische Körper nun zum Schluß ebenso spannungslos wie die Kugel und entsprechend der Temperatur ausgedehnt, so ist damit noch nicht gesagt, daß er seine Form gewahrt hat; es ist vielmehr sehr wohl möglich, daß die Schale unter dem Einfluß des noch kälteren Kernes ihre Form plastisch geändert hat und daß diese Formänderung ganz oder teilweise bleibt.

70. Wärmespannungen und Formänderung einzelner Körper beim Abschrecken. Die Kugel. Schreckt man die glühende, gleichmäßig ausgedehnte Kugel schroff ab, so wird die Schale nach kurzer Zeit kalt sein, der Kern noch warm. Die Schale hat beim Erkalten das Bestreben, sich zusammenzuziehen, wird aber durch den noch warmen und ausgedehnten Kern daran gehindert. Sie drückt daher von allen Seiten auf den Kern — wie etwa die Hand eines Menschen eine Lehmkugel fest umkrampft —, ohne ihn jedoch nennenswert zusammendrücken zu können. Dadurch entstehen starke Spannungen in der Kugel, und zwar in der Schale im wesentlichen Zugspannungen, im Kern Druckspannungen. Kühlt nun allmählich auch der Kern ab, so hat er das Bestreben, sich zusammenzuziehen, wird aber von der bereits erstarrten Schale, mit der er verbunden ist, daran gehindert. Dadurch wandeln sich die Druckspannungen im Kern in Zugspannungen um und umgekehrt die Zugspannungen der Schale in Druckspannungen. Nach der vollständigen Abkühlung wird die Kugel ein klein wenig größer sein als vorher. Wichtiger als diese geringe Volumzunahme sind die Spannungen. Sie werden um so größer, je größer der Temperaturunterschied zwischen Schale und Kern ist (hängen jedoch nicht nur davon ab). Abb. 84 zeigt an einem Beispiel die Temperaturunterschiede zwischen Schale und Kern einer Kugel von 26 mm ⌀, die in 14 s, also nicht einmal sehr rasch, von 700° auf 20° abgekühlt wurde. Die ausgezogenen Kurven zeigen den Verlauf der Temperaturen der Oberfläche und des Kernes, während die gestrichelte Kurve die daraus bestimmten Temperaturunterschiede angibt. Nach 4 s hat sie ihren Höchstwert von 300° erreicht und fällt dann wieder ab bis auf 0° bei 14 s. Würde man die Abkühlungsgeschwindigkeit erhöhen, also nach vielleicht 10 s bei 20° angelangt sein, so würden die Kurven steiler verlaufen und der höchste Temperaturunterschied größer werden. Das gleiche würde eine Vergrößerung des Kugeldurchmessers zur Folge haben.

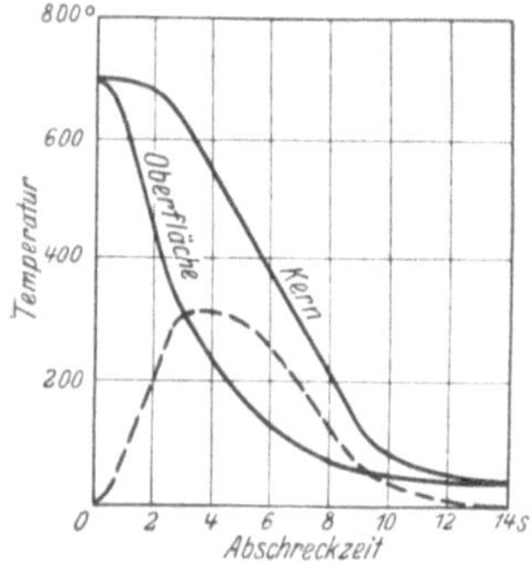

Abb. 84. Temperaturunterschiede zwischen Schale und Kern einer Kugel.

Ist, wie durch Abb. 84, der Verlauf der Abkühlung genau bekannt, so ist es unter gewissen Vorussetzungen möglich, die Spannungen nach Größe und Richtung zu berechnen. Berechnung sowohl wie Versuche bzw. Erfahrungen der Praxis zeigen nun, daß die Spannungen so groß werden können, daß die Kugel reißt. Zuerst besteht die Gefahr des Reißens beim Abschrecken, wenn die Schale erstarrt, der Kern noch bildsam ist: es entstehen durch die Zugspannungen auf der Oberfläche Risse, wenn die Bruchdehnung des Stahls geringer als die Dehnung, die die Schale braucht, um trotz der Abkühlung den vergrößerten Durchmesser beizubehalten. Bei der weiteren Abkühlung besteht dann die Gefahr, daß der auf Zug beanspruchte Kern auseinander platzt oder daß Kern und Schale sich voneinander lösen (konzentrische oder radiale Risse).

Der zylindrische Körper. Ebenso ungleichmäßig wie seine Schale sich erwärmt, kühlt sie sich auch ab, so daß die schematische Darstellung Abb. 83 auch für die Abkühlung gelten kann, deren Fortschreiten und Größe die Pfeile darstellen. Diese Ungleichmäßigkeit ist die Ursache, daß der zylindrische Körper sich beim Abschrecken immer mehr oder weniger verzieht, „wirft“, d. h. nicht nur sein Volumen vergrößert wie die Kugel, sondern auch seine Form ändert. Die Formänderung hängt von verschiedenen Umständen ab, wie den Eigenschaften des Stahls (besonders dem Kohlenstoffgehalt), der Höhe der Abschrecktemperatur, der Schnelligkeit der Abkühlung, den Größenabmessungen. Es ist daher verständlich, daß die Formänderungen selbst bei geometrisch gleichen Körpern verschieden ausfallen. Wir wollen einige der möglichen Fälle betrachten:

a) Wird nicht allzu schroff abgeschreckt, ist die Schale in der Stirn- und Seitenfläche zunächst noch nachgiebig und der Kern noch bildsam, so wird die über den Kern sich zusammenkrampfende Schale aufgeweitet sein, der Kern sich unter dem allseitigen Druck verlängern und durch die Stirnflächen „durchstoßen“, zugleich sich aber auch nach der Mitte der Seitenflächen ausbauchen. Abb. 85 a zeigt schematisch die ursprüngliche Form des Kerns (ausgezogen) und die unter der Druckwirkung der Schale entstandene (gestrichelt). Die Pfeile stellen die Druckkräfte dar. In Abb. 85 b ist zu der ursprünglichen Außenform (gestrichelt) die durch den Kern bedingte Tonnenform gezeichnet (ausgezogen). Das Streben zur Kugelform ist unverkennbar.

b) Wird zwar an der Mantelfläche schroff, an den Stirnflächen dagegen weniger schroff abgeschreckt, so wird der umkrampfte Kern sich nur verlängern und die Stirnflächen ausbauchen, dagegen wird die Zylinderfläche ihre Form beibehalten. In Abb. 86a ist wieder schematisch der ursprüngliche und der durch die Druckwirkung verlängerte Kern gezeichnet, in Abb. 86b die Anfangs- und Endform der Schale mit den ausgebauchten Stirnflächen. Die Höhe der Schale (des Zylinders) kann dabei größer oder kleiner werden, je nach den besonderen Umständen, besonders der Elastizität des Stoffes während des Abkühlens.. .

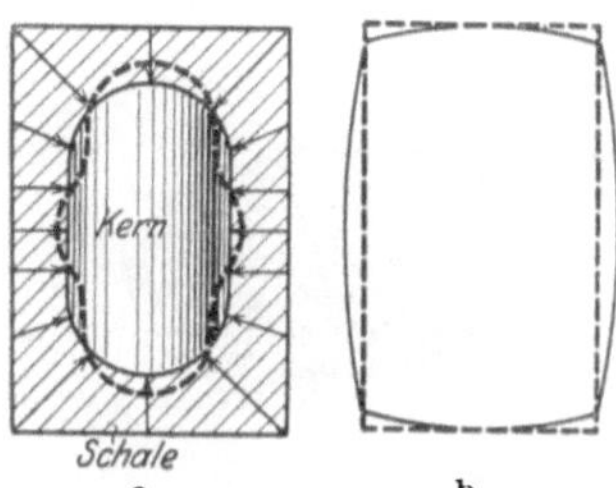

Abb. 85. Formänderung eines Zylinders bei nicht zu schroffem Abschrecken.

c) Wird der Zylinder ringsum schroff abgeschreckt, so kann auch die umgekehrte Tonnenform entstehen (Abb. 87). Die umkrampfende Schale wird zwar wieder den Kern etwas verlängern, aber die Schale wird, indem sie ihren Durchmesser verkleinert, in der Länge wachsen. Diese Verkleinerungen können aber die am ehesten erstarrten Ecken zwischen Zylindermantel und Stirn am wenigsten mitmachen. Daraus mag sich die eingewölbte Form der Mantelfläche erklären, während die Einwölbung der Stirnfläche daraus folgt, daß beim Wachsen der Höhe der Mantelfläche infolge Verringerung ihres Durchmessers die äußeren Schichten mehr wachsen als die nach innen liegenden.

Die Spannungen können außerordentlich groß werden. So hat man bei kleinen zylindrischen Stücken (32 mm ⌀, 200 mm Länge), die von 600° in Wasser abgeschreckt wurden, Wärmespannungen und zwar Zugspannungen, ermittelt, die 91% der Bruchfestigkeit des benutzten Stahles betrugen. Sehr bemerkenswert ist die durch Versuche wie Rechnung ermittelte Tatsache, daß die Spannungen

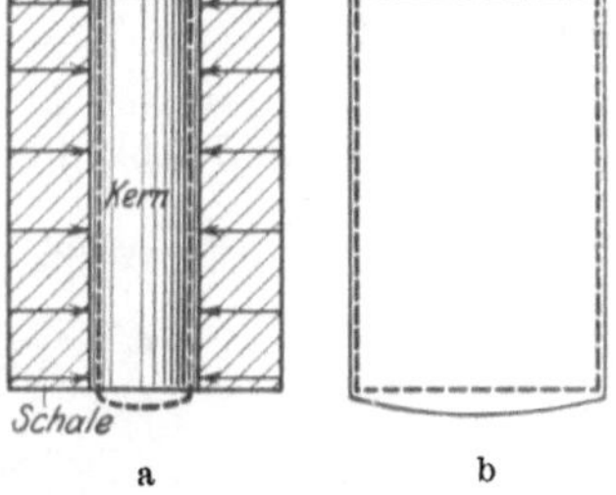

Abb. 86. Formänderung eines Zylinders bei nachgiebigen Stirnflächen.

wesentlich geringer werden, kaum halb so groß, wenn der Zylinder hohl gebohrt wird.

Körper mit rechteckigem und beliebigem Querschnitt. Während die Kugel bei gleichmäßigem Abschrecken ihre Form beibehält, der Zylinder sie meist nur wenig ändert, können rechteckige und mehr noch vielgestaltige Körper sich erheblich ändern.

Immer sucht beim Erstarren die Schale den noch bildsamen Kern zusammenzudrücken, der seinerseits nach allen Richtungen einen Gegendruck auf die Schale ausübt. Unter der Wirkung dieser radialen Drucke sucht jeder Körper beim Übergang von bildsamem zum starren Zustand Kugelform anzunehmen. Wenn er sie nur sehr unvollkommen erreicht, oft kaum bemerkbar, so liegt das einmal daran, daß (bei dünnen Stücken) der Kern nicht bildsam genug bleibt, sodann daran, daß die Schale ungleichmäßig erstarrt. Abb. 88 zeigt die Form, die ein vorher rechtkantiger Körper nach sehr häufigem Abschrecken (374 mal) angenommen hat. Das Streben zur Kugelform und die Hinderung durch die zuerst erstarrten Kanten sind deutlich zu erkennen (s. auch Abb. 89).

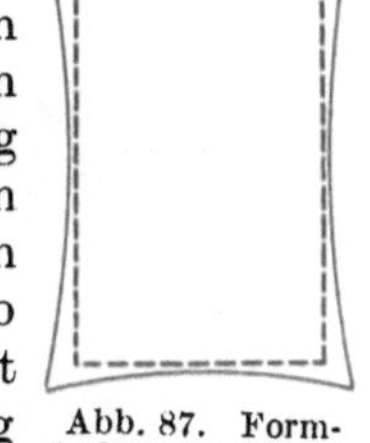

Abb. 87. Formänderung eines Zylinders bei schroffem Abschrecken.

Den Einfluß des mehr oder weniger bildsamen Kerns zeigt Abb. 89. Drei Stücke a, b, c einer quadratischen Stange Werkzeugstahl, wurden von verschieden hohen

Temperaturen abgeschreckt, so daß die Kerne verschieden schnell erkalten: *a* von 780°, *b* von 860°, *c* von 960°; infolgedessen entstand bei *a* ein starker, bei *b* ein geringer weicher Troostitkern, bei *c* gar keiner.

Die Spannungen bei vielgestaltigen Körpern zu berechnen, ist nicht möglich, doch sind sie im allgemeinen um so größer, je größer der Unterschied in den Querschnitten ist und je mehr dünne Teile mit starken verbunden sind. Ganz besonders groß werden die Spannungen infolge von Kerbwirkung an einspringenden scharfen Ecken.

Abb. 88. Formänderung eines Rechtkants durch oft wiederholtes Abschrecken.

C. Spannungen und Formänderungen unter Berücksichtigung der Gefügeänderung.

71. Volumvergrößerung durch Bildung von Perlit und Martensit. Die Veränderungen beim Abkühlen, die wir im Abschnitt 64 kennen gelernt haben, waren einzig die Folge ungleicher Temperaturen im Körper; sie treten daher beim Abkühlen aller Körper auf, ganz gleich aus welchem Werkstoff sie bestehen.

Es kommen nun aber bei Stahl noch Volumänderungen und daraus folgend Formänderungen und Spannungen vor, die eine Folge der Änderung des Kleingefüges sind.

Wir wissen, daß der Austenit des hoch erhitzten Stahls sich je nach der Geschwindigkeit der Abkühlung in Perlit, Sorbit, Troostit oder Martensit umwandelt und daß jede dieser Umwandlungen mit einer Volumveränderung verknüpft ist. In allen Fällen handelt es sich um eine Volumvergrößerung, die für Perlit am kleinsten, für Martensit am größten ist.

a b c

Abb. 89. Einfluß der Abschrecktemperatur auf die Formänderung [1].

Bei langsamem Abkühlen, wenn Perlit entsteht, hat die geringe Volumvergrößerung dem Austenit gegenüber keine Bedeutung, da sie, durch das ganze Stück gehend, weder Formänderungen noch Spannungen zur Folge hat. Anders bei schneller Abkühlung, so daß Martensit entsteht: dabei sind Formänderungen und Spannungen kaum zu vermeiden. Und zwar entstehen sie sowohl, wenn das ganze Gefüge martensitisch wird, als auch dann, wenn der Körper nur außen martenistisch, im Kern troostitisch oder sorbitisch wird. Im ersten Fall darum, weil der Martensit sich außen in der Schale früher bildet als innen im Kern, im zweiten Fall, weil Martensit ein größeres Volumen hat als Troostit und Sorbit. Abb. 90 stellt die Längenänderung der Kugel aus Abschnitt 69 dar, unter der Annahme,

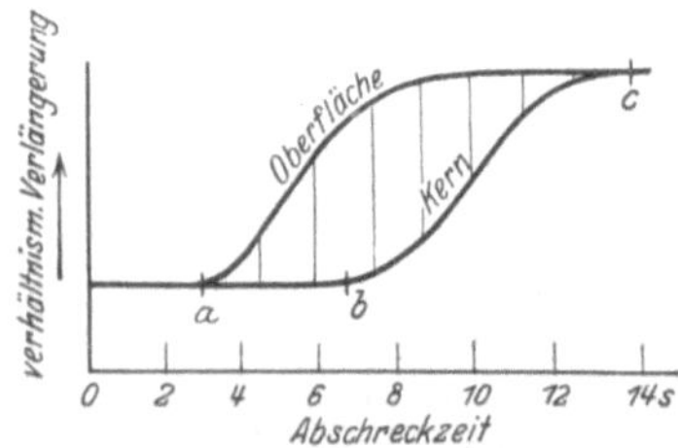

Abb. 90. Längenänderung einer Kugel beim Abschrecken.

daß sowohl Schale wie Kern martensitisch werden. Der Durchmesser der Oberfläche, der Schale, wächst von Punkt *a* an, weil sie gemäß Abb. 84 nach 3 s die

---

[1] Kruppsche Monatshefte. Mai 1921.

Temperatur von 300° erreicht hat, bei der die Martensitbildung einsetzt. Der Kern dagegen vergrößert sich erst von 7 s an, weil er nach Abb. 84 erst nach 7 s bei 300° angelangt ist. Nach völliger Abkühlung, d. h. nach 14 s, bei Punkt c, sind die Vergrößerungen verhältnismäßig gleich geworden — wenigstens theoretisch. Die senkrechten Abstände zwischen den zwei Kurven geben also die Dehnungen an und sind damit ein Maß für die Spannungen, die während der Abkühlung infolge der Austenit-Martensit-Umwandlung auftreten.

72. Spannungen und Formänderung infolge ungleicher Temperaturen und Gefügeänderungen. Was wir in den Abschnitten 70 und 71 gesondert betrachtet haben, das wirkt in Wirklichkeit zusammen, d. h. die endlichen Spannungen und Formveränderungen sind das Ergebnis sowohl der Temperaturunterschiede im abkühlenden Körper wie der Änderungen des Kleingefüges. Je nach den Umständen können beide Einflüsse sich in ihrer Wirkung verstärken oder z. T. aufheben.

Nur bei ganz einfachen Körpern ist es unter gewissen Voraussetzungen möglich, die Größe der Gesamtspannungen zu berechnen oder sich doch ein einigermaßen zutreffendes Bild von ihnen zu machen. Bei den meist vielgestaltigen Werkstücken der Praxis ist das unmöglich und man begnügt sich damit, die Spannungen möglichst zu vermeiden und die Formänderungen aus der Beobachtung an gleichen oder ähnlichen Körpern vorher einigermaßen zu kennen.

Für die Kugel aus Abschnitt 69 hat Träger festgestellt, daß die Spannungen aus den Temperaturunterschieden und Gefügeänderungen zusammen nicht größer werden als aus den Temperaturunterschieden allein, wenn die Kugel ganz martensitisch wird, daß sie dagegen bedeutend größer werden, wenn nur die Schale martenistisch wird, der Kern dagegen troostitisch oder sorbitisch, d. h. weich bleibt.

73. Wirkung des Anlassens. Das Anlassen wirkt günstig auf die Spannungen; ja das Anlassen auf niedrige Temperaturen (etwa 200°), wie es nach dem Härten von Werkzeugen und dgl. üblich ist, hat wesentlich den Zweck, die Spannungen und die Sprödigkeit zu vermindern und dadurch die Widerstandsfähigkeit des Werkstückes zu erhöhen.

Der Grund für die günstige Wirkung des Anlassens liegt einmal in den Gefügeänderungen, die bereits unter 100° beginnen und die Gefüge größerer Zähigkeit als Martensit ergeben, liegt vor allem aber wohl darin, daß von Temperaturen über 100° an in steigendem Maße die Elastizitätsgrenze des Stahls sinkt und daher elastische Formänderung sich in bleibende (bildsame) umsetzen kann und die entsprechende Spannung verschwindet.

Bedingung für diese Wirkung ist langsames und gleichmäßiges Anlassen, so daß möglichst keine Temperaturunterschiede zwischen Schale und Kern des Werkstückes entstehen.

74. Folgen der Formänderungen und Spannungen. Formänderungen und Spannungen, die nach dem Härten stets vorhanden sind, wenn auch in sehr verschiedenem Maße, sind vielfach die Ursache von Unzuträglichkeiten und geben nicht selten Anlaß zu umständlicher Nachbehandlung, wenn sie das Werkstück nicht gar ganz unbrauchbar machen.

Geringe Formänderungen sind oft ohne Belang, sei es, daß sie beim Schleifen verschwinden, sei es, daß sie überhaupt nicht stören. Größere Änderungen müssen dagegen meist durch Richten beseitigt werden, auch dann, wenn das Werkstück geschliffen wird (Näheres s. II. Teil).

Spannungen zerreißen im ungünstigsten Fall das Werkstück. Daran ist dann ebenso sehr wie die Größe der Spannung die Sprödigkeit des gehärteten Stahls, des Martensits, schuld. Dieselbe Spannung, die im Martensit Risse hervorruft, kann für Troostit und Sorbit ungefährlich sein. Auch die Art des Martensits ist wichtig: strukturlos feiner Martensit, von niedriger Temperatur gewonnen (Hardenit), ist sehr viel widerstandsfähiger als grobnadeliger, überhitzter Martensit.

Abb. 91 zeigt einen beim Härten entstandenen Riß eines zu hoch erhitzten Teiles. Der Riß folgt, wie deutlich erkennbar, den Korngrenzen.

Risse können sowohl gleich beim Abschrecken entstehen wie auch nach dem völligen Erkalten. Ja es kommt gar nicht ganz selten vor, daß Werkstücke erst lange Zeit nach dem Härten reißen. Dieses eigentümliche Verhalten erklärt sich so: zunächst sind die Spannungen so groß, daß die Widerstandsfähigkeit des Stahls gerade ausreicht, ihnen das Gleichgewicht zu halten. Gleichen sich nun im Laufe der Zeit die Spannungen langsam aus, so können sie dabei an einer Stelle, an der

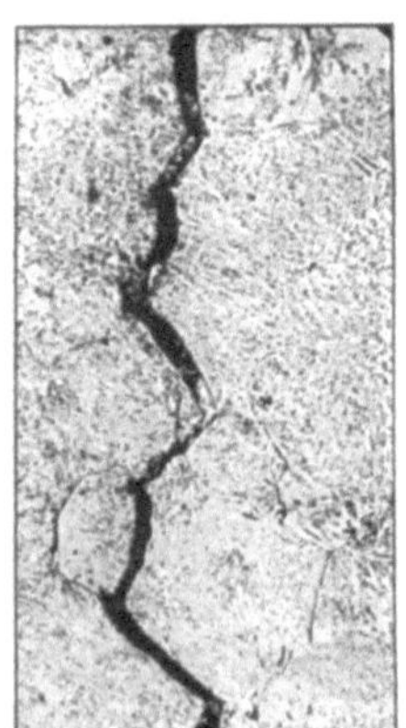

sie vorher klein waren, größer werden und hier den Werkstoff zerreißen. Oder es können durch plötzliches, örtliches Erwärmen (Sonnenbestrahlung, rasches Anlassen, Schleifen usw.) zusätzliche Spannungen entstehen.

Aber wenn sie auch keine Risse hervorrufen, können die Spannungen sehr nachteilig sein. Sie können die Widerstandsfähigkeit des Werkstückes stark herabsetzen, so daß es bei der Arbeit ohne äußere Überlastung bricht. Oder sie geben zu fortschreitenden, wenn auch sehr geringen Formänderungen Anlaß, die für ganz genau bemessene Teile, wie z. B. Endmaße, unbedingt verderblich sind, um so mehr als sie durch Jahre hindurch nicht zur Ruhe kommen.

Wiederholtes Härten. Härtet man dasselbe Stück mehrere Male nacheinander, indem man es nach jedem Härten erst wieder ausglüht, so werden die Formänderungen jedesmal geringer.

Abb. 91. Riß im Stahl.

75. Vermeiden der Spannungen. Spannungen und auch Formänderungen können nur bis zu einem gewissen Grade vermieden werden. Dazu sind geeignete Behandlungen oder besondere Maßnahmen auf jeder Stufe des Härtens und Vergütens nötig und auch schon vorher während der mechanischen Bearbeitung:

Gestalt des Werkstückes: schon der Konstrukteur muß auf die Spannungen Rücksicht nehmen, indem er alle plötzlichen Querschnittsänderungen und jeglichen Anlaß zu Kerbwirkungen nach Möglichkeit vermeidet. Einfache, wenig gegliederte Teile verziehen sich unter sonst gleichen Umständen am wenigsten, starke Teile werden am günstigsten hohl ausgeführt.

Vorbehandlung: die Teile müssen spannungsfrei zur Warmbehandlung angeliefert werden. Sind durch Schmieden, Biegen, Richten, Schruppen usw. Spannungen entstanden, so müssen sie vorher durch Ausglühen wieder beseitigt werden.

Erhitzen zum Härten: es muß gleichmäßig geschehen und möglichst an keiner Stelle höher als zur Härtung durchaus erforderlich ist. Welch großen Einfluß die Höhe der Härtetemperatur hat, geht aus einem Versuch hervor, bei dem man drei Stahlstücke von derselben Stange jedes von einer anderen Temperatur so oft abschreckte, bis Risse auftraten. Es konnte abgeschreckt werden:

Stahlstück 1 von 780° . . . . 36 mal
    ,,   2 ,, 860° . . . . 22 ,,
    ,,   3 ,, 960° . . . . 8 ,,

Der Grund für die Überlegenheit des Stahlstückes 1 liegt wohl weniger darin, daß bei 2 und besonders bei 3 größere Spannungen entstanden sind als darin, daß der Martensit bei 1 feiner und widerstandsfähiger wurde als bei 2 und 3.

Auch die Schnelligkeit, mit der man erhitzt, soll einen Einfluß haben, und zwar soll es eine Geschwindigkeit für jeden Stahl geben, bei der die Formänderungen und Spannungen am kleinsten werden. Näheres darüber muß die Forschung noch feststellen.

Abschrecken: es darf nicht schroffer abgeschreckt werden, als es die Härte durchaus verlangt, also nicht in kaltem Wasser, wenn warmes Wasser, Seifenwasser, Öl oder dgl. genügt. Je höher der Kohlenstoffgehalt des Stahls ist, um so vorsichtiger muß man mit dem Abschrecken sein.

Die Stahlwerke sind seit Jahren mit Erfolg bemüht, Stähle herzustellen, die bei mehr oder weniger mildem Abkühlen richtig hart werden (s. Abschnitt 52). Aber auch der gewöhnliche Kohlenstoffstahl braucht im allgemeinen nicht bis zur Raumtemperatur schroff abgeschreckt zu werden, sondern es genügt, die Schicht, die martensitisch werden soll, bis 250 oder 200° mit der kritischen Geschwindigkeit (s. Abschnitt 38) abzuschrecken; von da an kann sie langsam abkühlen. Jedes Abschrecken bis zu tieferen Temperaturen erhöht nur die Spannungen, ohne die Härte zu vergrößern. Es darf jedoch nach dem Abschrecken auf etwa 200° die Schale nicht beliebig langsam abkühlen, weil sonst die im Kern noch vorhandene Wärme die Schale wieder unzulässig hoch anlassen könnte; es muß also auch das langsame Abkühlen im richtigen Maße, je nach den Umständen ausgeführt werden. In der Werkstatt geschieht das Abkühlen mit zwei verschiedenen Geschwindigkeiten am zweckmäßigsten durch Eintauchen in zwei verschiedene Abkühlmittel, also z. B. erst in Wasser, dann in Öl (Näheres im II. Teil).

Anlassen: Es ist die wichtigste und üblichste Maßnahme, um beim Abschrecken entstandene Spannungen wieder zu beseitigen oder doch so zu verringern, daß sie nicht mehr stören (s. Abschnitt 31). Während beim Anlassen zum Vergüten die Temperatur immer so hoch ist (oft bis 700°), daß die Spannungen sich ausgleichen (wodurch allerdings auch das Entstehen neuer Spannungen beim Wiederabkühlen möglich wird), muß man beim Härten auf Glashärte oft auf völlige Entspannung verzichten, da man nicht wesentlich über 200° anlassen darf, oft noch erheblich darunter bleiben muß. Doch hat man gelernt, auch bei Anlaßtemperaturen zwischen 100 und 150° gut zu entspannen, z. B. die fortschreitenden Formänderungen von Endmaßen und dgl. zu unterbinden durch Verlängerung der Anlaßzeit bis zu 100 Stunden und mehr (künstliches Altern).

Werkstoff: Die Auswahl des Werkstoffes ist maßgebend für die Größe der Spannungen: Je weniger schroff ein Stahl abgeschreckt werden kann, um so geringer werden die Spannungen. Daher sind die Lufthärter am günstigsten und die Ölhärter günstiger als die Wasserhärter; ferner ist ein geringerer Kohlenstoffgehalt günstiger als ein höherer, zumal ein untereutektoider günstiger als ein übereutektoider. Es ist jedoch nicht möglich, wegen der Spannungen nun etwa immer niedrig gekohlte Ölhärter oder gar Lufthärter zu verwenden. Das scheitert einmal an den Kosten dieser mehr oder weniger hoch legierten Stähle, sodann auch an ihren Eigenschaften, besonders der Härte und Schneidhaltigkeit.

Zwischen den verschiedenen Wasserhärtern, soweit sie Glashärte geben, also den reinen Kohlenstoff- und den niedrig legierten Stählen, ist kein großer Unterschied festzustellen; jedoch scheint es, daß Chrom und Mangan, indem sie die Durchhärtung fördern, eher ungünstig wirken, während Wolfram das nicht tut.

Folgenden Herren und Firmen hat der Verfasser für Unterlagen zu Abbildungen zu danken:

Bach und Baumann: „Festigkeitseigenschaften und Gefügebilder der Konstruktionsmaterialien" (Verlag Julius Springer, Berlin): Abb. 51, 52, 53, 59.

Dr. Franz Berger, Wien: Abb. 88.

Brearley-Schäfer: „Die Werkzeugstähle und ihre Wärmebehandlung" und „Die Einsatzhärtung von Eisen und Stahl" (Verlag Julius Springer, Berlin): Abb. 27, 28, 29, 30, 48, 58÷63.

Eicken & Co., Stahlwerke, Hagen: Abb. 43, 68, 70, 71.

Dr.-Ing. Hans Klopstock: „Die Untersuchung der Dreharbeit" (Verlag Julius Springer, Berlin): Abb. 26.

Friedr. Krupp, Essen: Abb. 22, 23, 54, 69, 72, 73, 74, 89.

Dr.-Ing. F. Rapatz: „Die Edelstähle" (Verlag Julius Springer, Berlin): Abb. 66, 67, 75÷79.

Riebensahm-Träger: „Werkstoffprüfung" (Verlag Julius Springer, Berlin): Abb. 12, 13, 14, 15.

Dr.-Ing. Träger, Berlin: Abb. 84, 90.

Dipl.-Ing. C. Volk, Oberstudiendirektor, Berlin: Abb. 6, 9.

Dr.-Ing. Zingg, Winterthur: Abb. 34.

Lehrgang der Härtetechnik. Von Studienrat Dipl.-Ing. **Joh. Schiefer** und Fachlehrer **E. Grün.** Dritte, verbesserte Auflage. Mit 175 Textabbildungen. VI, 211 Seiten. 1927. RM 7.50; gebunden RM 8.75

Brearley-Schäfer, Die Einsatzhärtung von Eisen und Stahl. Berechtigte deutsche Bearbeitung der Schrift "The Case Hardening of Steel" von Harry Brearley, Sheffield, von Dr.-Ing. **Rudolf Schäfer.** Mit 124 Textabbildungen. VIII, 250 Seiten. 1926. Gebunden RM 19.50

Blöcke und Kokillen. Von **A. W.** und **H. Brearley.** Deutsche Bearbeitung von Dr.-Ing. **F. Rapatz.** Mit 64 Abbildungen. IV, 142 Seiten. 1926. Gebunden RM 13.50

Die natürliche und künstliche Alterung des gehärteten Stahles. Physikalische und metallographische Untersuchungen von Dr.-Ing. **Andreas Weber,** München. Mit 105 Abbildungen im Text und auf 12 Tafeln. IV, 78 Seiten. 1926. RM 7.50; gebunden RM 9.—

Die Konstruktionsstähle und ihre Wärmebehandlung. Von Dr.-Ing. **Rudolf Schäfer.** Mit 205 Textabbildungen und einer Tafel. VIII, 370 Seiten. 1923. Gebunden RM 15.—

Die Werkzeugstähle und ihre Wärmebehandlung. Berechtigte deutsche Bearbeitung der Schrift "The Heat Treatment of Tool Steel" von Harry Brearley, Sheffield, von Dr.-Ing. **Rudolf Schäfer.** Dritte, verbesserte Auflage. Mit 226 Textabbildungen. X, 324 Seiten. 1922. Gebunden RM 12.—

Rostfreie Stähle. Berechtigte deutsche Bearbeitung der Schrift "Stainless Iron and Steel" von J. H. G. Monypenny, Sheffield, von Dr.-Ing. **Rudolf Schäfer.** Mit 122 Textabbildungen. VIII, 342 Seiten. 1928. Gebunden RM 27.—

Die Edelstähle. Ihre metallurgischen Grundlagen. Von Dr.-Ing. **F. Rapatz,** Leiter der Versuchsanstalt im Stahlwerk Düsseldorf, Gebr. Böhler & Co., A.-G. Mit 93 Abbildungen. VI, 219 Seiten. 1925. Gebunden RM 12.—

Das Elektrostahlverfahren. Ofenbau, Elektrotechnik, Metallurgie und Wirtschaftliches. Nach F. T. Sisco, "The Manufacture of Electric Steel" umgearbeitet und erweitert von Dr.-Ing. **St. Kriz,** Stahlwerksleiter im Stahlwerk Düsseldorf, Gebr. Böhler & Co., A.-G. Mit 123 Textabbildungen. IX, 291 Seiten. 1929. Gebunden RM 22.50

Das technische Eisen. Konstitution und Eigenschaften. Von Professor Dr. Ing. **Paul Oberhoffer,** Aachen. Zweite, verbesserte und vermehrte Auflage. Mit 610 Abbildungen im Text u. 20 Tabellen. X, 598 Seiten. 1925. Gebunden RM 31.50

WERKSTATTBÜCHER
FÜR BETRIEBSBEAMTE, VOR- UND FACHARBEITER
HERAUSGEGEBEN VON DR.-ING. EUGEN SIMON, BERLIN

Bisher sind erschienen (Fortsetzung):

Heft 35: Der Vorrichtungsbau.
II: Bearbeitungsbeispiele mit Reihen planmäßig konstruierter Vorrichtungen, Typische Einzelvorrichtungen.
Von Fritz Grünhagen.

Heft 36: Das Einrichten von Halbautomaten.
Von J. van Himbergen, A. Bleckmann, A. Waßmuth.

Heft 37: Modell- und Modellplattenherstellung für die Maschinenformerei.
Von Fr. und Fe. Brobeck.

Heft 38: Das Vorzeichnen im Kessel- und Apparatebau.
Von Ing. Arno Dorl.

In Vorbereitung bzw. unter der Presse befinden sich:

Rohe Schrauben. 1. Teil. Das Anstauchen der Köpfe. Von Ing. J. Berger.
Das Sägen der Metalle. Von Dipl.-Ing. H. Hollaender.
Das Pressen von Nichteisenmetallen. Von Dr.-Ing. A. Peter.
Stanztechnik I und II. Von Dipl.-Ing. Erich Krabbe.
Stanztechnik III. Von Dr.-Ing. Walter Sellin.
Feilen. Von Dr.-Ing. Bertold Buxbaum.

Das Maschinenzeichnen des Konstrukteurs. Von Dipl.-Ing. C. Volk, Direktor der Beuth-Schule, Privatdozent an der Technischen Hochschule zu Berlin. Dritte, verbesserte Auflage. Mit 250 Abbildungen. V, 76 Seiten. 1929. RM 3.—

A. zur Megede, Wie fertigt man technische Zeichnungen? Leitfaden zur Herstellung technischer Zeichnungen für Schule und Praxis, mit besonderer Berücksichtigung des Bauzeichnens, des Maschinenzeichnens und des topographischen Zeichnens. Achte Auflage. Neu bearbeitet und erweitert von Regierungsbaumeister M. Weßlau. Mit 5 Abbildungen im Text und 4 lithographischen Tafeln. VI, 110 Seiten. 1926. Gebunden RM 4.80

Leitfaden für das Maschinenzeichnen. Von Dipl.-Ing. Studienrat K. Sauer. Zweite, verbesserte Auflage. Mit 159 Textabb. IV, 64 Seiten. 1923. RM 1.50

Das Maschinen-Zeichnen. Begründung und Veranschaulichung der sachlich notwendigen zeichnerischen Darstellungen und ihres Zusammenhanges mit der praktischen Ausführung. Von Professor A. Riedler, Berlin. Zweite, neubearbeitete Auflage. Mit 436 Textfiguren. VIII, 234 Seiten. 1913. Zweiter, unveränderter Neudruck 1923. Gebunden RM 9.—

Der praktische Maschinenzeichner. Leitfaden für die Ausführung moderner maschinentechnischer Zeichnungen. Von Betriebsingenieur W. Apel und Konstruktionsingenieur A. Fröhlich. Zweite, verbesserte Auflage. Mit 117 Abbildungen im Text und 18 Normblättern. IV, 51 Seiten. 1927. RM 2.25

Für den Konstruktionstisch. Leitfaden zur Anfertigung von Maschinenzeichnungen. Von Dipl.-Ing. W. Leuckert, Berlin, und Dipl.-Ing. H. W. Hiller, Magistrats-Baurat, Berlin. Zweite, verbesserte und vermehrte Auflage. Mit 44 Abbildungen im Text, 15 Normblättern und 3 Tafeln. IV, 62 Seiten. 1927. RM 3.60

Freies Skizzieren ohne und nach Modell für Maschinenbauer. Ein Lehr- und Aufgabenbuch für den Unterricht von Studienrat Karl Keiser, Leipzig. Vierte, erweiterte Auflage. Mit 22 Einzelabbildungen und 24 Abbildungsgruppen. IV, 72 Seiten. 1929. RM 2.80